元科学 METASCIENCE

Wallonie - Bruxelles
International.be

数学简史

LA BELLE HISTOIRE
DES
MATHS

[法] 米歇尔·茹思来（Michel Rousselet） 著
张俊丰 译
赵振江 审译

中国科学技术出版社
·北 京·

前　言

公元前 4000 年，算术出现在美索不达米亚。与此同时，几何学在埃及出现。虽然它们最初主要用来解决一些实际问题，但数学的发展从未止步于这些问题本身。

例如，毕达哥拉斯（Pythagoras）研究了整数的性质，却并不关心如何应用；古希腊的几何学家曾尝试解决一些非常困难的问题，甚至是化圆为方这类无解难题，却不曾探究这些难题究竟有什么实际用途。他们研究发现的新曲线直到 17 世纪才被伽利略（Galileo）、开普勒（Kepler）和牛顿（Newton）找到所谓的“用处”。

数学的发展有三个尤为显著的时期。

公元前 3 世纪，欧几里得（Euclid）明确提出了一些基础公理和公设，使后世的数学推理和论证成为可能。他的著作在 2000 多年的时间里一直都是一座以严谨而著称的丰碑。

9 世纪，阿拉伯 - 伊斯兰学者创造了代数并发明了十进制记数系统。

17 世纪的欧洲，出现了两个新的学科：微积分和概率学。随之，数学成为描述物理世界的工具。

到 19 世纪末，数学已经变得内容浩繁，以至于许多数学家不得不重新思考它的基础。欧几里得提出的公理已经不再令人满意。康托尔（Cantor）和希尔伯特（Hilbert）创建的集合论成为人们重建数学的新基础。

π 趣闻：公元前 3500 年，人们认为 π 等于 3。公元前 2000 年左右，巴比伦人计算出 π 等于 $3+\frac{1}{8}$，也就是说等于 3.125。公元前 3 世纪，阿基米德计算出 π 介于 $3+\frac{10}{71}$ 和 $3+\frac{10}{70}$ 之间。1424 年，中亚数学家阿尔 · 卡西（Al-Kashi）将其精确到小数点后 16 位。约翰 · 马青（John Machin）于 1706 年进一步将其精确到小数点后 100 位。到 2016 年年底，人们已经将其精确到了小数点后 20 万亿位！

目录

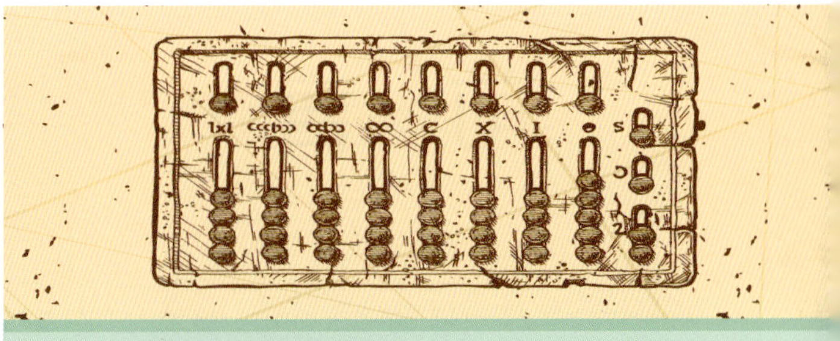

中世纪——从古罗马帝国的消亡到 14 世纪末 / 101

15、16 世纪——文艺复兴 / 157

17 世纪——新黄金时代 / 189

18 世纪——解析法的发展 / 237

19 世纪——严谨时代 / 269

20 世纪——集合论成为数学的基础 / 313

1508 年至 1512 年，拉斐尔在巨幅壁画《雅典学院》中向古希腊的大思想家们致敬。在这幅壁画中，可以看到正在使用圆规的欧几里得。

第一个用于书写的数字系统出现在 5000 多年前的美索不达米亚和埃及。这项发明与书写同时诞生，先需要计算，代数思想悄然出现，然后又出现了几何学。

不久之后，中国文明和古印度文明也相继有了数字系统。

而在世界的另一端，玛雅人也创造了一套非常原始的数字系统。

溯源古代的第一个阶段大约开始于 6000 年前，结束于公元前 600 年左右，也是“希腊奇迹”发生前不久。

而“希腊奇迹”则标志着数学真正的开端。人们不再满足于陈述结论，而是证明结论。欧几里得的作品中汇集和编纂了古希腊“几何学家”的数学知识，进而影响了之后 2000 多年西方数学的发展。

随着古罗马人征服了古希腊，这个非凡的时代结束了。罗马帝国便是溯源古代的第二个阶段。

公元前4000年

140年

古代世界
——从苏美尔到
“希腊奇迹”的终结

苏美尔记数法

苏美尔指的是美索不达米亚南部地区，位于底格里斯河与幼发拉底河之间。公元前 4000 年至公元前 3000 年，该地诞生了一个重要的文明，把乌尔、乌鲁克、尼普尔等城邦聚合到了一起。每个城邦都由一个国王统治，国王依靠祭司巩固王权。在此期间，农业繁荣，商贸发达。

苏美尔人最早使用口头记数。公元前 3500 年左右，他们产生了通过组合不同的泥丸来表示整数的想法。当时众多记数系统共存，使用最广泛的是 6 种各不相同的泥丸。

这些泥丸如右上图所示，包括 3 个圆锥体和 3 个小球，其中 1 个圆锥体和 1 个小球中间钻了孔，从左到右，从上到下，它们分别代表数字 1、10、60、600、3600、36000。虽然这些泥丸离书写出来的数字还远得很，但它们依然被认为是人类最早使用的数字。发掘这些泥丸的考古学家们将其命名为“calculi”。这个拉丁词的本义为“石子、小石块”，后来被引申为“计算”。

人们将所需泥丸并置在一起来表示数字，右下图展示了数字 24 的表达方式。

为了保留交易契约的痕迹，买卖双方根据交易数量将相应的泥丸装进未干的空心黏土球中（封匣），然后将其密封、晾干，并敲盖上双方的印章。一旦产生纠纷，双方可以打碎黏土球进行核实。

历史学家一致认为泥丸记数法[①] 的发明起源于苏美尔社会的记账需要。

在重要的商业贸易中，人们将泥丸放在一个空心的黏土球中，然后会计会在这个球上印上他的印章。下页图是马鲁克时期的一个封好的黏土球，收藏于卢浮宫，拍摄者玛丽 - 兰 · 阮（Marie-Lan Nguyen）。

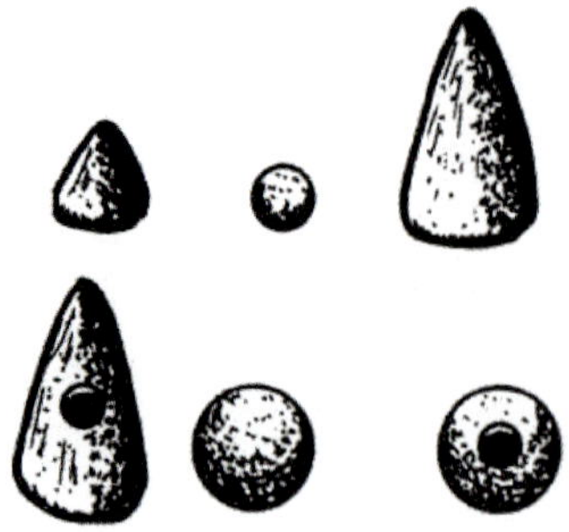

苏美尔人的泥丸

泥丸记数 24

另请参阅

埃及记数法，第 8 页
楔形文字的诞生，第 6 页
巴比伦记数法，第 18 页

① 泥丸记数法也可称为石子记数法。——译者注

最早的书面数字

泥丸记数法适用于加法、减法和 2 倍或 3 倍的乘法运算。例如，两个数字相加，只需将几个泥丸先并置在一起，然后用不同泥丸替换即可。然而，即使是这些简单的计算，执行起来也相当不便。

公元前 3400 年左右，人们想到用两种粗细不同的芦苇笔刻在泥板上的简单标记来取代封匣的泥丸。既然泥丸有 6 种形状，人们将有粗有细的芦苇进行不同程度的弯折，形成 6 种不同的符号。

右上图展示了这 6 种标记，它们是人类历史上已知最古老的数字。从左到右，从上到下，这些标记分别代表数字 1、10、60、600、3600、36000。

只要将所需的字符在一行或两行内并置，即可表示任意一个整数。右下图的泥版画所呈现的就是数字 164571，其中还包含一些象形符号和楔形文字。只需相加所用数字的值就能得出所表示的数字。但如果数字太大，读数就不是一件容易完成的事。这些困难使得苏美尔人很快创造了加法表与乘法表，运算表也迅速成为计算中不可或缺的辅助工具。

我们可能会注意到该记数系统中没有 0：这是因为苏美尔的记数系统没有 0 的概念。前 59 个整数采用十进制，大于 59 的整数以 60 为基数。尽管使用起来有一定难度，但该记数系统的发明仍是一个决定性的进步，这是历史上第一次出现的书面计算。

写有文字和数字的苏美尔泥板。

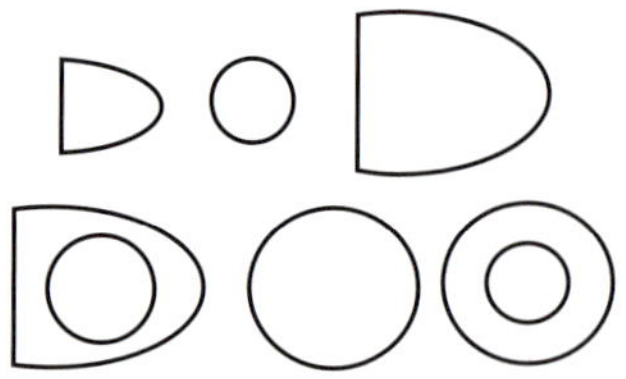

6 种数字标记

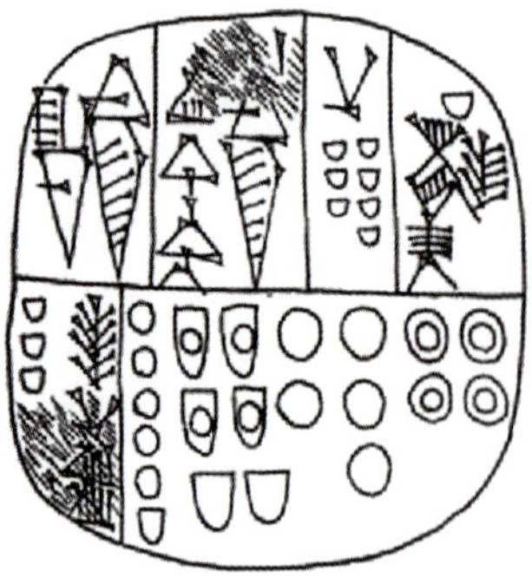

基于苏美尔泥板画标记的复刻

楔形文字的诞生

随着时间的推移，最早出现在算数泥板上的象形符号经历了许多重大转变。起初只是形象化的图案，后来朝着简化的方向演变，逐渐脱离了原意。右图从左到右，从上到下，展示了表示星星、鱼、群山的图形越来越具风格化的演变过程。久而久之，一种以楔形和人字形为主的文字诞生了。

第一批载有文字的泥板发掘出土后，考古学家将这种文字称为楔形文字。尽管没有字母表，楔形文字仍能转录成声音、单词，有时甚至还能转录成音节。

大约公元前 3300 年，苏美尔人拥有了真正的文字，他们能够记录自己的语言。

文字的发明对于数字的表示产生了巨大的影响。数字的形状不再圆润，转而开始被用楔形和人字形来表示。

第一批抄书人（书吏）随着文字的出现应运而生，进而成为计算和教育领域的专家。

公元前 2300 年左右，苏美尔人被阿卡德人击败。苏美尔语也被胜利者的语言所取代，但阿卡德人保留了苏美尔人的文字。公元前 2000 年年初，两种不同的记数系统共存于世：其一是来自阿卡德人的十进制记数系统，适用于商人日常计算；其二是来自苏美尔人的以 60 为基数的记数系统，适用于书吏进行高等计算。

随着历史的发展，苏美尔人的文字失传了，直到 19 世纪下半叶这种语言才被重新破译。

埃比二世（Ebih Ⅱ）雕像，他是美索不达米亚马里城邦（今叙利亚南部）的总督，卢浮宫博物馆藏。

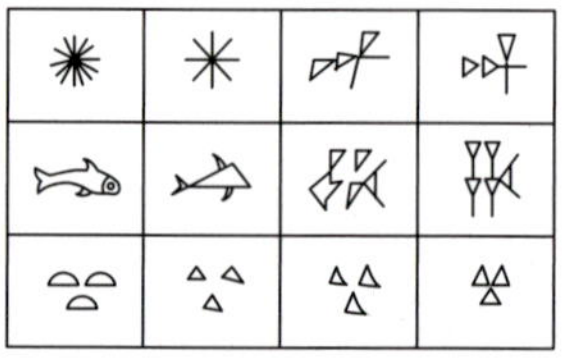

有楔形趋势的象形文字

另请参阅

苏美尔记数法，第 2 页
最早的书面数字，第 4 页
巴比伦记数法，第 18 页

埃及记数法

埃及的书面数字最早可以追溯至公元前 4000 年，埃及书吏使用表示棍子、拱门、卷绳、荷花、指尖弯曲的手指、幼蛙和举起双臂朝向天空的神这 7 个古埃及象形文字来表示 10 的前 7 次幂：1、10、100、1000、10000、100000、1000000（右上图，从上到下，从左到右）。

右下图展示了数字 2333 的写法，只要将必要的象形文字放在一起，然后将数值相加即可读数，无须考虑读数顺序（从左到右，从右到左或从上到下）。

古埃及象形文字是神圣的，主要用在纪念碑和陵墓上绘刻铭文。如果在此等正式场合下书写行政文本或进行计算，书吏会先在陶片上打草稿，然后再誊清到蜡板上。他们也会直接用刷子（及墨水）和陶片，或更少见的莎草纸，经此一举，象形文字经历第一次简化后，形成了一种草书，也称古埃及僧侣体，公元后最初几个世纪的行政文书都在使用这种文字。

产生于公元前 7 世纪的古埃及世俗体，是对古埃及僧侣体的简化，它进一步突出了文字的草书特征，从中可以窥见如今阿拉伯文字的影子。

刻在卢克索的卡纳克神庙墙上的古埃及日历。

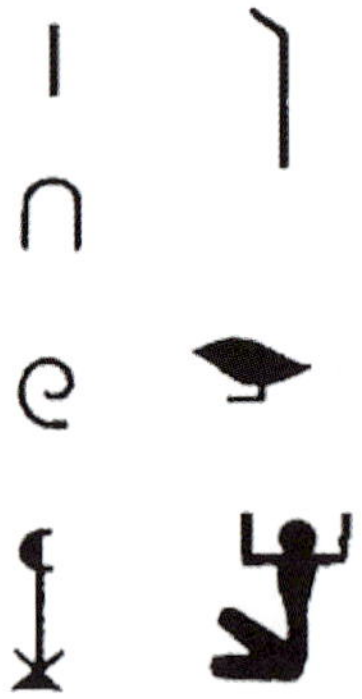

7 个古埃及象形文字

数字 2333 的象形文字写法

另请参阅
埃及的日常计算，第 10 页
知识链接：丈量土地与核对收成，第 13 页
埃及的分数用法，第 14 页
埃及的高等计算，第 28 页
网格绘画法，第 34 页

埃及的日常计算

加法、减法以及 2 倍和 10 倍乘法运算，古埃及人操作起来非常简单。例如，数字 13 乘以 2 只需写两遍即可。同样的操作也适用于 3 倍、4 倍和 5 倍的乘法运算。数字 13 乘以 10 则更快，只需用更大的数字替换原先的数字。

埃及书吏会将复杂的乘法运算分解成一系列以 2 为乘数的运算，然后把结果相加。例如，右上表格展示了使用现在的阿拉伯数字按照埃及书吏的方式计算 24 乘以 13 的运算过程。

在表格第一列写下 2 的依次幂值，也就是 1、2、4、8、16 等。在第二列，先写下 24，然后翻倍 3 次得到 48、96、192。因为 13=8+4+1，所以要在和 1、4、8 同行的数字后打叉，然后将数字相加：24+96+192=312，乘法运算结果就是 312。

现在我们来研究一个要用到除法运算的算术题。书吏艾哈迈斯（Ahmes）的邻居问他："一共需要多少个 13 荷恩的罐子才能装下 400 荷恩的酒（1 荷恩约等于 0.5 升）？"要得到 400 除以 13 的结果，首先要确定是否存在这样一个整数，即当 13 乘以它时结果正好是 400。

如右下表格所示，这是一种逆向乘法。在表中可以看到 26+52+104+208=390，13+26+52+104+208=403，而 400 处于 390 与 403 之间，400=390+10，因为有余数 10，所以无法整除。运算后得到的商是 2+4+8+16=30，400=13×30+10。因此共计需要 30 个罐子，还余 10 荷恩。

来自萨卡拉遗址马斯塔巴的浅浮雕。

埃及书吏的乘法对照

1	24	×
2	48	
4	96	×
8	192	×

数字 13 的倍数

1	13
2	26
4	52
8	104
16	208
32	416

另请参阅

埃及记数法，第 8 页
埃及的分数用法，第 14 页
埃及的高等计算，第 28 页

知识链接

丈量田地与核对收成

在古埃及，粮食收成归国家所有，农民只能自留一部分。为了防止农民少交粮食，埃及书吏会计算田地面积预估来年收成。

他们掌握了精确计算正方形、矩形、梯形和三角形面积的方法。不过，不规则的四边形面积只能约取近似值：先取两条对边长度的平均值，然后将两个数值相乘。

此外，书吏还会检查粮仓容量，估算粮食收成。对于立方体、长方体、圆柱体形状的粮仓，书吏通过底面积乘以高的方式来计算体积。例如，计算直径为9肘[①]、高为10肘的圆柱体粮仓的体积，先算出底面积64平方肘，乘以高度10肘，即可得出结果640立方肘。此外，埃及书吏也已掌握如何计算底面为正方形的棱锥体体积，不论正锥体还是截锥体。[②]

---

① 法国古长度单位，从肘部到中指端，约0.5米。——译者注

② 截锥体，又称锥台，指一个棱锥被平行于它底面的一个平面所截后，截面与底面之间的几何形体。——译者注

官员核收庄稼。底比斯门纳墓的壁画。

埃及的分数用法

现在来看一下书吏如何不通过算数将 15 个面包平分给 4 个人。首先每个人分 3 个面包，剩下的 3 个面包分别进行等分，再分给每人半个面包。还剩下 2 份半个面包，再分别等分成两份。每个人又会分到 $\frac{1}{4}$ 个面包。最后，每个人都拿到 3 个面包，$\frac{1}{2}$ 个面包和 $\frac{1}{4}$ 个面包，埃及书吏写为 $3\frac{1}{2}\frac{1}{4}$。

这种分配方式解释了为什么除了分数 $\frac{2}{3}$ 和 $\frac{3}{4}$ 以外，埃及人只使用以 1 作分子的分数。这就是人们把这种分数称为埃及分数的原因。

除了 $\frac{1}{2}$ 以外，所有的分数都用橄榄球形状的符号表示，意为部分，分母放置在符号下面（右上图）。右下图则展示了 $\frac{2}{3}$ 和 $\frac{3}{4}$ 的特殊写法。

确定啤酒或面包的分配定额也是古埃及的日常计算的一部分。因此，我们在一张莎草纸上看到：如何把 100 片面包分配给 10 个工人？其中 3 个工长是否应该得到双倍份额？那么解决方案是把 $7\frac{2}{3}\frac{1}{39}$ 的面包分给普通工人，把 $15\frac{1}{3}\frac{1}{26}\frac{1}{78}$ 的面包分给工长。

类似这样的分数表使人们可以用埃及分数的总和替换计算中的任何分数。它们代代相传，延续至今，埃及书吏应该对其滚瓜烂熟。得益于这些表格，人们可以精确地计算和书写任意除法的商。例如，23 除以 7 得到商等于 3，余数等于 2。事实上，因为分数表中 $\frac{2}{7}=\frac{1}{4}+\frac{1}{28}$，所以 23 除以 7 的商准确地来说是 $3\frac{1}{4}\frac{1}{28}$。因此对于埃及人来说，所有除法都能整除！然而，于我们而言，23 除以 7 并不能完全整除，结果是一个无限循环小数 3.285714285714285……

女神伊西斯在供奉她的寺庙中的形象。菲莱岛，阿斯旺。

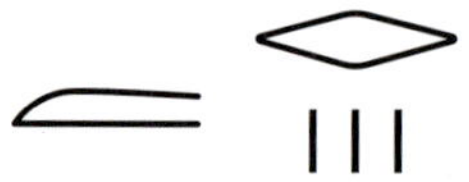

分数 $\frac{1}{2}$ 和 $\frac{1}{3}$ 的写法

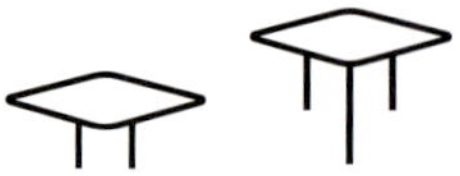

分数 $\frac{2}{3}$ 和 $\frac{3}{4}$ 的特殊写法

另请参阅

埃及记数法，第 8 页
埃及的日常计算，第 10 页
埃及的高等计算，第 28 页

印度记数法

印度最早的记数系统可以追溯到公元前 2000 年，十进制记数法逐渐应用于整个印度次大陆。虽然不同地区和不同语言用不同的写法来表达数量，但各地普遍都是用 9 个数字，而印度记数系统中却有 36 个特殊符号，用于表示十、百、千、万等。印度算术家很早就能成功运用大额数字，这与他们对宇宙和时间的看法息息相关。印度人口头上会用一些特殊词语来指代某些 10 的幂数：sata 表示 100，sahasra 表示 1000，prayuta 表示 1000000，padma 表示 1000000000 等。

在书写中，人们遵循从左到右递减的顺序来排列 10 的幂。例如，要写一个小于 100000 的数字，从万开始，然后是千位、百位，再然后是十位，最后是个位。每个数字前面都有与其量级对应的符号。因此，数字 3522 要用 7 个符号进行表示（右上图），而不是今天通用的 4 个。从左到右，这些字符分别代表 1000、3、100、5、10、2、2。

在阅读用数字写成的整数时，要一个一个地读。当遇到缺位时，人们习惯于用一个意为“空缺”的词来补位。6 世纪末，用于表示这个词的可能是一个特殊的符号，也可能是一个点或者有时只是一个小圆圈，它最后也变成了一个数字 0。从此，印度记数系统就有了 10 个数字（右下图）。

因为这个新的符号，印度十进制记数体系成了真正的位数体系。它被阿拉伯数学家采用并在欧洲广为人知。

印度寺庙中的梵天神。印度教中，梵天神给人带来了文字。

3522 的写法

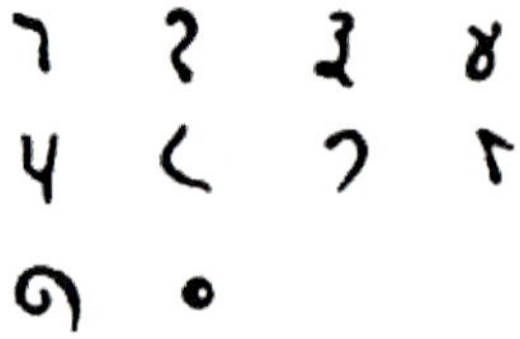

6 世纪的 10 个印度数字

另请参阅
负数的发明，第 104 页
阿拉伯记数法，第 108 页

巴比伦记数法

阿卡德人于公元前 2000 年年初建立了巴比伦，它是闪耀在整个美索不达米亚地区的文明中心。在阿卡德语中，巴比伦（Bāb－Ilum）意思是众神之门。巴比伦人采用了苏美尔人的楔形文字和他们的记数系统，但是在书面中，巴比伦人只用两个符号表示整数。第一个是钉形，代表数字 1，能够表示从 1 到 9 的整数。第二个是人字形，代表数字 10。将钉形与人字形排列组合就能够表示介于 11 到 59 之间的所有整数。读数按照从左到右的顺序，读的过程中把各符号的值相加。因此，这是一种带有加法的文字。

从数字 60 开始，人们重新使用钉形与人字形，此时符号的位置非常重要，因为符号的值取决于它的位置。从右到左，这些数字依次表示个位、“六十”（60 的倍数）、“六十乘以六十”（60×60 的倍数），以此类推。右上图展示的数字从左到右分别是 1+7×60+1×3600，也就是 4021。

虽然巴比伦记数体系具有这些优点，但却存在一个巨大的缺陷：因为没有零，同样的文字可能指代不同的数字。因此，右下图展示的数字可以读为 24，但也可能是 15600。因为 2×10+4=24，20×60+4×3600=15600，其他的解读也有可能！但事实上，误读是很少见的，因为在实际计算中，书吏知道所用数值的顺序，从而选择合适的数值。

巴别塔，源于《圣经》。这幅画由老彼得·勃鲁盖尔于 1563 年左右创作，灵感一定来自献给玛尔杜克神的创世纪神庙。

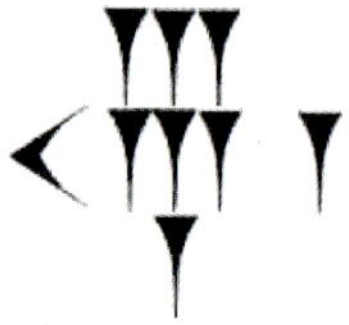

楔形数字标记

有两种解读法的楔形数字标记

另请参阅

苏美尔记数法，第 2 页
最早的书面数字，第 4 页
楔形文字的诞生，第 6 页
巴比伦的日常计算，第 22 页

知识链接

六十进制的起源

美索不达米亚人之所以选择 60 作为基数，一种猜想认为可能与他们的阴历有关。因为根据他们的阴历，一年 360 天，分为 12 个月，每月刚好 30 天。并不是我们现在所知的将一年划成 354 天，分为 12 个月，每个月则可能是 29 天或 30 天的情况。

第二种猜想是相较于基数 10 或 20，基数 60 有更多的因数，这将更有利于除法运算和计算分数。此外，它的影响还体现在时间度量上，尤其是现代社会仍使用 60 分为 1 小时，60 秒为 1 分钟。同样，商业领域计算单利时，一年度记为 360 天，而不是 365 天。

根据乔治·伊夫拉赫的说法，也可以推断：60 进制的记数法起源于手指计数。实际上，有些人，比如越南人在用一只手的拇指数另一只手的 4 根手指，每根手指按 3 个指节算，也就是 $3 \times 4 = 12$。他们用另一只手的 5 根手指来计数，由此可得，$5 \times 12 = 60$。

与角度的度数测量一样，时间单位也以 60 为基础。

巴比伦的日常计算

考古学家认为用现在的数字研究巴比伦的算术比用楔形文字更方便，例如，$18\times60^2+5\times60+7\times1$ 和 $3\times60^3+27\times60^2+0\times60+12\times1$ 中，楔形文字只能书写系数 18.5.7 和 3.27.0.12，因此这里将沿用现在的写法。

巴比伦的加法和减法并不难，只要熟知整数 1 ~ 59 之间数字的和与差即可。例如，要计算 32.21 与 53.42 之和，需要算出 $32+53=85$，$21+42=63$，最终得出 85.63，由于这种记数法后面的 60 要进位，进位后为 86.03。

这种加法与我们计算时间的方法完全一样。例如，计算 46 分 53 秒加 36 分 48 秒时，要将分与秒分别相加，然后进行转换。由此可见，60 进制计算时间并非偶然，而是巴比伦遗留的珍贵财富。

巴比伦的乘法运算要借助书吏发明的乘法表，它们由连续的加法组成。一部分乘法表用来计算整数 2 ~ 20 之间的乘法，另一部分用来计算乘数为 30、40 和 50 的乘法。比如 $2\times5.3=10.6$，$3\times5.3=15.9$，而 $10\times5.3=53.00$。另外，巴比伦书吏还利用平方公式的特性进行乘法运算。如 $13\times17=(15-2)\times(15+2)=15^2-2^2=225-4=221$。

巴比伦书吏会运用各种规则进行除法运算，其中之一是 60 作为除数不会改变数字书写，显然，这是巴比伦记数法的一个特性。因此，一个整数除以 2、3、4、5 或 6 的结果，就等于该整数分别乘以 30、20、15、12 或 10 后，再除以 60 的值。

19 世纪中叶，楔形文字被破译。这多亏了一块石碑，上面用波斯帝国的 3 种语言记录着同一段文字。不列颠博物馆的罗塞塔石碑，汉斯 · 希勒瓦特（Hans Hillewaert）拍摄。

另请参阅

- 楔形文字的诞生，第 6 页
- 巴比伦记数法，第 18 页
- 巴比伦分数和平方根，第 24 页
- 巴比伦的高等计算，第 32 页
- 巴比伦几何，第 36 页

巴比伦分数和平方根

巴比伦的书吏很早就开始用 60 进制的分数，但写法有时会引起歧义。据上篇可知，2.6.3 的记数法，既可以表示成整数：$2\times3600+6\times60+3\times1=7563$，也可以表示成分数：$2+\frac{6}{60}+\frac{3}{60^2}$，或 $\frac{2}{60}+\frac{6}{60^2}+\frac{3}{60^3}$。因此，为了避免误读，我们专门统一用 2.6.3 的写法表示分数 $2+\frac{6}{60}+\frac{3}{60^2}$，用 0.2.6.3 的写法表示分数 $\frac{2}{60}+\frac{6}{60^2}+\frac{3}{60^3}$。然而，在巴比伦记数系统中，并不是所有分数的写法都是精确的。$\frac{9}{14}$ 就是一个例子，由于 60 的幂中并没有 7 的倍数，因此这个分数只能用近似值表示，如 0.38.34。

倒数也是书吏在除法运算中常用的，运算规则是：用数 a 除以一个非 0 的数 b，即用 a 乘以 b 的倒数。常用数的倒数在倒数表中可以找到。因为 60 有很多因数，所以在巴比伦记数系统中，以 60 为基数可以使许多小于 60 的整数的倒数被精确地表示出来。比如，在巴比伦系统中，20、30 和 60 的倒数分别写作 0.3、0.2 和 0.1；反之，其他像 7、11、13、14 或 19 的倒数便无法准确表示出来。巴比伦人只能取其近似值。比如，7 的倒数的近似值是 0.8.34.17.8.34.17.8.34。

根据巴比伦运算表上的文字可知，他们当时已经在用平方根。比如，在编号为 YBC 7289 的泥板上（右图），就有以 1.24.51.10 表示的数字 $\sqrt{2}$，对应为十进制的 1.414212963。

“巴比伦”这个名字的意思是“众神之门”。伊什塔尔，代表爱与战争的女神，经常与金星联系在一起。这是一座献给她的城门。

编号为 YBC 7289 的泥板

另请参阅

巴比伦记数法，第 18 页
巴比伦的日常计算，第 22 页
巴比伦的高等计算，第 32 页
巴比伦几何，第 36 页

+
√
9

知识链接

平方根的计算

在计算某个数的平方根时，巴比伦书吏用的是迭代法（逐次逼近计算法），这种方法在很久之后由古希腊数学家亚历山大里亚的希罗采用。这种算法只能用除法，下面用现代符号来展示数 A 的平方根的算法：

- 假设 a 是所求平方根的一个近似值；
- A 除以 a 得到的商为 q；
- 计算 a 和 q 的平均值 r；
- 再用 r 代替 a，并重复之前步骤；
- 直到所求平方根的两个近似值的差值足够小，停止计算。

以下是用该方法计算 10 的平方根，

a	q	r
3	3.33333333	3.16666667
3.16666667	3.15789474	3.1622807
3.1622807	3.16227462	3.16227766
3.16227766	3.16227766	3.16227766

如上可以观察到，在第三次计算中，差值已经精确到 0.00000001。

如今，这种算法仍在计算器中应用。

科学计算器使用巴比伦算法计算平方根。

埃及的高等计算

1858 年，人们发现莱因德莎草纸上记录了一些数学问题，从而让后世的书吏从中发现当时最“顶尖”的计算方法。公元前 1650 年，艾哈迈斯书吏在莎草纸上写下了各种类型的数学问题。

其中第 24 题是一个计算题：“当一个数加上它的$\frac{1}{7}$，和为 19 时，求这个数的值。”下面是书吏的解法：“假设这个数是 7，那它的$\frac{1}{7}$是 1，即和为 8，然后让 19 乘以 7 得到 133，再用 133 除以 8，最后得到所求的值是 $16\frac{1}{2}\frac{1}{8}$[①]。”

这种解法采用了一种比例假设法：假设数是 7，那么它和它的$\frac{1}{7}$的和是 8，又由于答案是 19，所以所求的数等于 $19\times\frac{7}{8}$，最后得出值为 16.625。

另一个问题是几何问题：如何将一个面积 100 平方肘的正方形分成两个小正方形，且其中一个边长是另一个边长的 $\frac{3}{4}$ 。下面是书吏的解法：“假设两个正方形边长分别是 1 和 $\frac{3}{4}$，那它们面积的和为 $1\frac{1}{2}\frac{1}{16}$，而和的平方根是 $1\frac{1}{4}$，又由于 100 的平方根是 10，那么将 10 除以 $1\frac{1}{4}$ 得到 8，再将 1 和 $\frac{3}{4}$ 分别乘以 8，最后得到所求的边长值是 8 和 6。”

由此可见，题中 3 个正方形的边长分别是整数 6、8、10，而且验证了等式 $10^2=8^2+6^2$。

埃及人已经认识到毕达哥拉斯定理的简单形式，当一个三角形的边长分别是 3、4 和 5 时，那它一定是直角三角形（右图）。而 6、8、10 的长度和 3、4、5 的长度比例一致，因此后者是“印度版”直角三角形，也就是说边长为 6、8、10 的三角形也一定是直角三角形。书吏也根据这一特性建立了直角的概念。

① 此处 $16\frac{1}{2}\frac{1}{8}$，即 $16+\frac{1}{2}+\frac{1}{8}$ 的值，之后不再赘述。——译者注

端坐的书吏。卢浮宫博物馆藏。

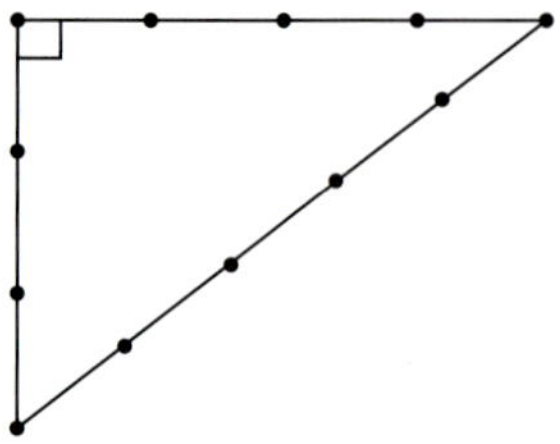

埃及三角形

另请参阅

埃及记数法，第 8 页
埃及的日常计算，第 10 页
埃及的分数用法，第 14 页
网格绘画法，第 34 页

中国的传统记数法

黄帝，不仅是中国神话中的帝王，也被认为是中国古代文明的奠基人。那时诞生了中国文字。这种由字符而不是字母写成的文字被刻在龟甲等上，按从上到下的顺序阅读。即使没有字母表，每个字符都有对应的读音与对应的事物和概念。

公元前 1600 年，商朝建立了中国早期的记数系统，它是十进制记数法。

从 1 到 9，每个数字都有一个专门的汉字表示，还有四个汉字（右上图）来表示与十、百、千、万相对应的数字，这样的表示方法一直沿用到现在。

右下图所示，阿拉伯数字写作 3468，从上到下，这些汉字依次为三、千、四、百、六、十、八。而阿拉伯数字写作 15702，它们依次为一、万、五、千、七、百、二，虽然其中并没有表示十位的汉字，但还是正确的，因为这里的十位是零。由此可以看出，在数字的书写中，数字零的写法并不是必要的。当数字空缺时，那么它对应符号的缺失就可以表示它的空缺。

在中国，书法是一种艺术。

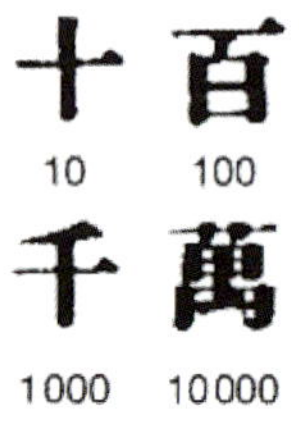

汉字与阿拉伯数字对照

汉字的记数形式

另请参阅
- 中国的勾股定理，第 38 页
- 中国的高等记数法，第 42 页
- 红色小棍和黑色小棍，第 72 页
- 中国式算法——盈不足术，第 76 页

九萬里風

巴比伦的高等计算

1909 年以来出土的大部分泥板上记录着一些演算过程和数学问题。对我们来说，这些题目涉及的是代数问题，但显然当时的巴比伦人并不明白。

例如，“一个长方形场地周长的一半是 16 肘，其面积是 60 平方肘，求它的边长”。答案是长为 10 肘，宽为 6 肘。书吏的解法为“16 除以 2 得到 8，然后用 8 的平方减去其面积得到 4，再得出 4 的平方根是 2，即一半差分，那么 8 减去 2，得到宽为 6，8 加上 2，得到长为 10”。

可以发现，书吏先计算了场地两条边长差的一半，再回到要解决的问题，也就是找到两边长的和的一半和差的一半这两个值。如今，这个问题可以用一元二次方程或二元二次方程组求解。

第二个问题方便起见将用我们现用的符号改编，题目表述为：“将一个正方形面积的 11 倍和其边长的 7 倍相加，得到的和为 6.25，已知答案是正方形边长为 0.5，求问计算过程。”书吏随后附上解法为：“6.25 乘以 11 得到 68.75，再乘以 4 得到 275，然后算出 7 的平方是 49，49 和 275 相加得到 324，接着算出 324 的平方根是 18，再用 18 减去 7 的值除以 2，得到 5.5，最后除以 11，得到的答案就是 0.5。”

现在，用 x 代替正方形的边长，然后用一元二次方程表示为：$11x^2+7x=6.25$，最后解出 $x=0.5$。

研究人员表示，巴比伦人经常用具有平方公式特性的几何构造，如 $(a+b)^2$,$(a-b)^2$,$(a+b)(a-b)$。

泥板上刻着直角三角形和一些算式。

另请参阅

楔形文字的诞生，第 6 页
巴比伦的日常计算，第 22 页
巴比伦分数和平方根，第 24 页
巴比伦几何，第 36 页

网格绘画法

在埃及的帝王谷和工匠谷中，神庙和墓穴内的墙上绘有大量壁画。这些壁画可追溯至埃及新王国时期（公元前 1500—前 1000 年），这一时期经历了 3 个王朝，有近 500 年的历史。

为了创作出精美的壁画，工匠们采用网格法，也就是一种在网格中作画的方法。他们先用墨水在一个黏土板上画一幅尺寸较小的草图，并在上面划分网格，然后将需要作画的墙壁抹平并涂上灰泥。右图所示即为一张画好方格的草图，随后工匠会在墙壁上同样画上网格以便将草图等比例放大。这样一来，艺术家就能在网格中找到对应的参照点进而绘制出壁画。

一切准备就绪，最后一步就是给壁画上色。在古埃及，绿色象征着重生和复活，蓝色象征着众神的统治，黄色象征着太阳和永恒，红色象征着火和邪恶的力量。

当罗马人征服埃及时，这种等比放大的制图法传入罗马。在东罗马帝国的首都拜占庭，人们就是这样绘制镶嵌画的。后来，这种方法又传入俄罗斯和欧洲其他国家。意大利文艺复兴时期的著名画家，如皮耶罗·德拉·弗朗切斯卡（Piero della Francesca）和米开朗琪罗（Michelangelo）经常用草图示例这种方法绘画。如今，随着投影技术的发明，画家们早已摒弃了这种传统的绘画方式，而是将图画或者照片投影并放大到绘画的载体上。投影仪的应用取代了之前手动放大画面的方法！

和所有壁画一样，这幅壁画是用草图中的网格法绘制的。

草图示例

另请参阅

画家的透视法，第 158 页
阿尔伯蒂的“合理”建构，第 160 页

巴比伦几何

如同在埃及一样，巴比伦几何也是被广泛应用的运算方法，比如人们常常借助几何原理计算田地面积、粮仓容量或洞穴中的土壤体积等。

书吏们已经掌握了如何正确计算长方形、正方形和直角三角形的面积。他们很早就能根据三角形的其中两条边长 a 和 b 计算直角三角形的斜边长度 c。最古老的一批泥板上记录着一种计算方法，对应于近似公式 $c=a+\frac{2ab^2}{3600}$。另一块泥板给出了不同的解题方法，对应公式 $c=a+\frac{b^2}{2a}$。

假设 $a=40$，$b=10$，第一个公式得出 $c=42.2$，而第二个公式的结果为 41.25。当 $a=7b$ 时，第二个公式的结果很接近其真实长度。随后，人们发现了毕达哥拉斯定理及其精确形式 $c^2=a^2+b^2$。此外，书吏还熟知相似三角形的原理，能够利用相似三角形对应边成比例关系求出各边长度。很多泥板上的题目都要用到这种解题思路，例如，右图所示的题目：计算 MN 和 AC 的长度，答案为 $MN=12$，$AC=20$。

圆的周长约是其直径的 3 倍，而它的面积约为一个边长与其半径相等的正方形面积的 3 倍。

要计算立方体、长方体、底面为三角形的直棱柱或直圆柱体的体积，用其底面积乘以高，这种算法十分准确。但对于底面是正方形的锥体，却只能采用近似的方法计算体积。

汇集了各种几何问题及其解法的泥板。

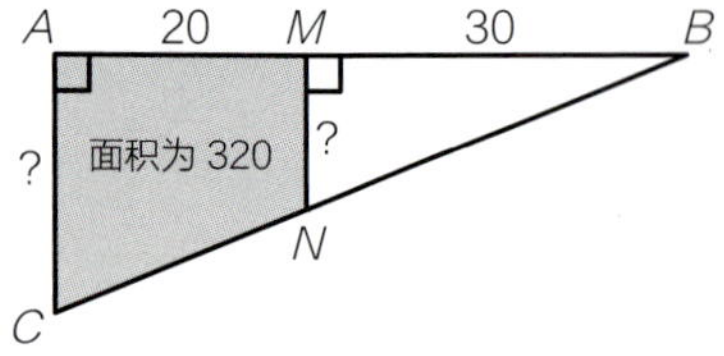

泥板 MLC 1950 上的问题

另请参阅

巴比伦记数法，第 18 页
巴比伦的日常计算，第 22 页
巴比伦分数和平方根，第 24 页
巴比伦的高等计算，第 32 页

中国的勾股定理

勾股定理在古埃及、古巴比伦、古印度和中国都广为人知，因为通过这一定理计算所得的数据对泥瓦匠、木匠、测量师、建筑师的工作具有十分重要的价值。

《周髀算经》(*Chou Pei Suan Jing*)是中国最古老的数学著作。此书中的“弦图”阐述了直角三角形中的勾股定理：若一个直角三角形的两条直角边分别为 3 和 4 个单位长度（右上图），则其斜边长为 5 个单位长度。我们可以看出这个三角形就是一个典型的“埃及式”直角三角形。

图中的小方格可以帮助我们证明 $3^2+4^2=5^2$。事实上，中间这个小正方形的面积等于整个大正方形的面积减去其四个角所在的直角三角形的面积。所以，它的面积为 $7\times7-4\times(4\times\frac{3}{2})=25$ 个小方格。若以图中灰色直角三角形的两个直角边为边长分别构建两个正方形，其面积之和为 9+16，也是 25 个小方格，由此便可推导出这一公式。“弦图”巧妙地证明了勾股定理。

263 年，伟大的数学家刘徽为古籍《九章算术》(*Neuf chapitres sur l'art du calcul*)作注。注释中，他提出了勾股定理的另一种证明方法。他指出，任何以直角三角形斜边为边长所构建的大正方形可以变换为两个以其直角边为边长所构建的小正方形（右下图）。

如今，勾股定理已经有 300 多种证明方法，但无须运算的方法无疑是最简单。然而，哲学家加斯东·巴什拉（Gaston Bachelard）认为利用相似三角形证明勾股定理最为巧妙。

只要看看这个古老的中国弦图，就足以解释勾股定理的普遍性。一切证明只需要一个简单的命令：“看！”

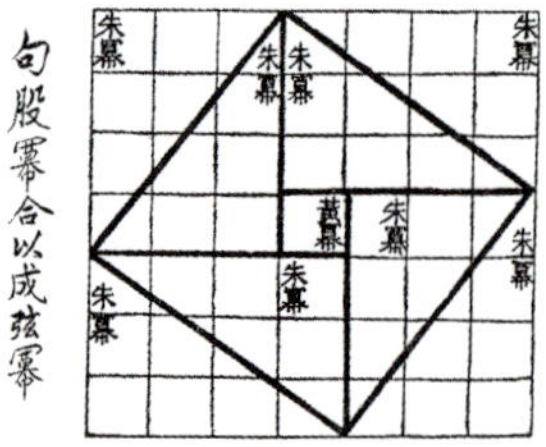

《周髀算经》中的勾股定理

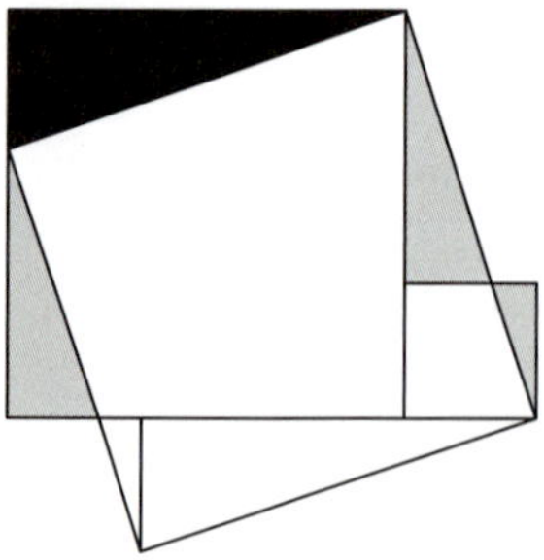
《九章算术》中的勾股定理证明方法

另请参阅
中国的高等记数法，第 42 页
毕达哥拉斯定理，第 48 页

古希腊记数法

在荷马时期，约公元前 800 年，希腊人采用十进制加法系统表示数字，这种方式很可能是从迈锡尼文明借用而来。这一记数系统下的 5 个数字分别代表 1、10、100、1000 和 10000（右图）。

对于他们来说，如果要表示一个整数，像埃及人那样将所需数字并列摆放在一起即可。

从 6 世纪开始，在阿提卡，也就是雅典地区，先前那些表示数字的书写符号被字母 Δ、H、X 和 M 所取代。这些字母来自数字 10 前几次幂的单词首字母：10 读作 deka[①]，100 读作 hekaton，1000 读作 khilioi[②]，10000 读作 murioi。当时还没有小写字母，因此全部写作大写字母。此外，由于数字 5 是 penta，于是将两个单词组合在一起，就可以表示 50、500、5000 和 50000，也就是 pentadeka，pentahekaton，pentakhilioi，pentamurioi，而数字 5 只需用一个字母表示。

公元前 5 世纪末，一种全新的记数系统传入雅典。这是一套字母记数系统，数字均由字母表中的字母表示。为了避免将表示数字的字母与普通字母相混淆，他们通常会给这些特殊字母做一些标记。这种表示数字的方法仅依靠加法运算便可实现，所以不需要有数字零。然而，用字母表示数字，让计算变得十分不便。为了便于计算，他们将标记后的硬币状物体放于桌面，在垂直分布的行列中进行计算，这就是当时的算盘。此外，雅典人有时也会在沙子上画算盘。

① 希腊字母 Δ 在罗马化过程中常被写作拉丁字母 D。——译者注
② 希腊字母 X 在罗马化过程中常被写作拉丁字母 kh。——译者注

母狮门（或狮子门）建于公元前 13 世纪，是古希腊伯罗奔尼撒半岛迈锡尼古城堡的主要入口。

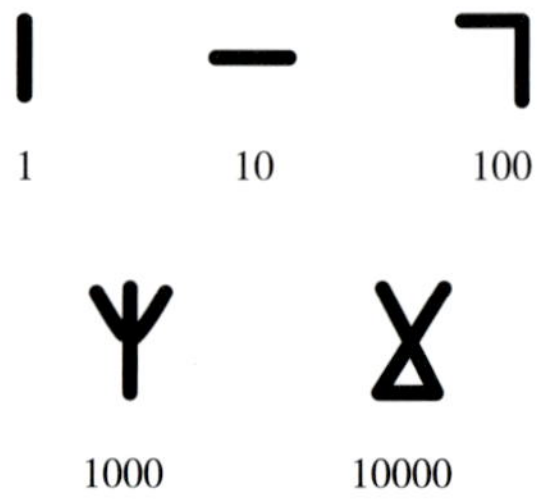

公元前 8 世纪的 5 个数字

另请参阅
算术学科的诞生，第 46 页
古罗马记数法，第 84 页

中国的高等记数法

中国古代商人一般会使用传统记数系统进行日常计算。然而，像几何学或天文学等领域中的高等计算中，学者们则会采用另一种更方便的记数系统。这种新的数字书写方式最早出现于春秋时期，即公元前 771 年至公元前 476 年间。如右图中的 3 个例子所示，在这种记数系统中，数字由线条表示，可以垂直排列，也可以水平排列。

在表示数字时，线条从右往左书写：先用竖线写出个位上的数字，然后用横线写出十位上的数字，再用竖线写出百位上的数字，横线写出千位上的数字，以此类推。

传统的数字系统仅能记数到万，而这种方式能书写出很大的数字。

直到 13 世纪，零才出现在人们面前，也就是在两个数字间留一个空位。这个空位很容易识别，因为它左右两边的数字全由竖线或全由横线书写。如右图所示数字 31501。

完成计算后，通常用繁体字誊写最终结果。

如今，中国学生也用数字和字母来学习算术和代数。

长城始建于春秋时期，城墙长度超过 6000 千米。

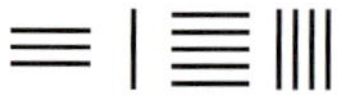
3154

31541

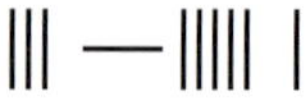
31501

春秋时期的记数法

另请参阅
中国传统记数法，第 30 页
中国的勾股定理，第 38 页
红色小棍和黑色小棍，第 72 页
中国式算法——盈不足术，第 76 页
知识链接：中国算盘，第 139 页

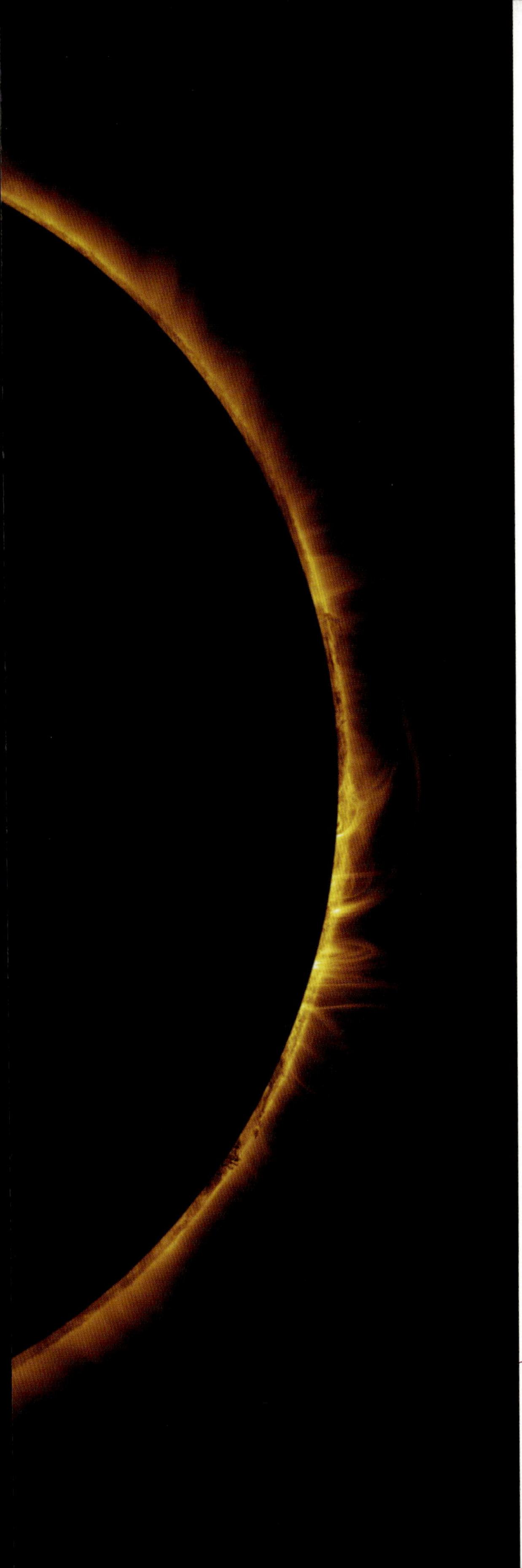

知识链接

传说中的数学家泰勒斯

公元前 624 年，泰勒斯（Thales）出生在小亚细亚半岛的米利都城。他生前享有极高的声誉，被尊为古希腊七贤之一。

在天文学方面，泰勒斯有许多重要的发现。例如，他发现小熊星座指向北方；他证明了月亮自身并不发光，而是像镜子一样反射太阳光；他对日食现象做出了最早的解释，即当月球运动到太阳与地球之间时，它会遮挡太阳射向地球的光，从而发生日食。

尽管他所描述的世界总让人联想到美索不达米亚人和赫西俄德（Hesiod）的描述，但这却是第一次无关乎神话、神灵等超自然因素而对宇宙进行的科学解释。泰勒斯认为整个世界是一个浸泡在水中的半球体。地球是位于世界中心的一个扁平的盘状物，同样被水包围着，它的上方是苍穹，而太阳、月球、行星和遥远的恒星都悬挂于苍穹之中。

泰勒斯解释说，日食是月球围绕地球旋转时经过太阳形成的。

公元前 800 年 古希腊记数法 | 公元前 550 年 有形数 | 公元前 300 年 欧几里得

算术学科的诞生

毕达哥拉斯于公元前 570 年出生在萨摩斯岛，他曾远赴埃及和巴比伦游学，之后定居在大希腊（今意大利南部一带）。在那里，他创建了一所戒律森严的学校，向学生们传授哲学、几何学、算术（即研究数的性质）、音乐和天文学等方面的知识。毕达哥拉斯并没有著作流传下来，后人大多通过希腊历史学家普罗克洛（Proclus）和第欧根尼·拉尔修（Diogenes Laertius）等人的记载才了解其所作的贡献。

毕达哥拉斯认为数字是神秘的，了解数的性质是揭开宇宙奥秘的关键。

他最先区分了偶数和奇数。为了发现并研究数字的其他性质，他会用鹅卵石记数。例如，有些数字因为它们能形成三角形，如 3、6 或 10，故将其称为三角形数（右上图）。而其他数字如 1、4、9 或 16 能形成正方形，因此被称为正方形数（右下图）。

除此之外，还有长方形数、五边形数、六边形数等。当鹅卵石全部摆放在一条线上时，它们就表示线形数（质数）。

就这样，毕达哥拉斯学派的信徒通过这种方式发现了许多数的性质。例如，一个正方形数总是等于两个相邻的三角形数的和，就像 16 = 6 + 10。

通过研究琴弦的振动，毕达哥拉斯将音程与数字建立联系，并由此推断出音阶在数学上表现为不同的整数比。

古希腊有两种弦乐器，里拉琴和齐特琴。竖琴较晚出现，但其琴弦的振动同样符合毕达哥拉斯定理。

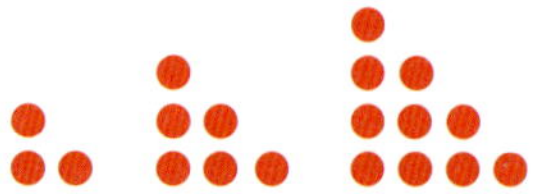

三角形数

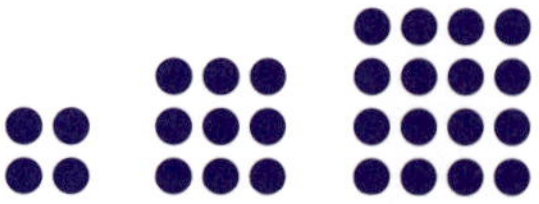

正方形数

另请参阅

欧几里得与算术，第 62 页
巴切特·德·梅济里亚克的那个令人愉悦的问题，第 194 页
算术的复兴，第 210 页
数论的繁荣，第 250 页
费马 - 怀尔斯定理，第 342 页

毕达哥拉斯定理

在直角三角形的计算中，如果已知其任意两条边长，便可以利用毕达哥拉斯所发现的定理得出第三条边的长度：如果直角三角形 ABC 以 A 为直角顶点，那么 $BC^2=AB^2+AC^2$。换句话说，以 BC 为边的正方形面积等于分别以 AB 和 AC 为边的正方形面积之和。

然而，毕达哥拉斯很可能并没有证明这一结论。人们认为他更像是归纳概括了自己在埃及游学时所观察到的信息，因为埃及的书吏已经知道直角三角形的三边分别为 3、4 和 5 个单位长度。不过，他也可能在右上图所示这样的等腰直角三角形中证明了此结论。在这种情况下，推论也更加清晰易懂。直到公元前 3 世纪，欧几里得才第一次真正证明了毕达哥拉斯定理。

在毕达哥拉斯所处的时代，毕达哥拉斯定理对有效数字的概念产生了意料之外的影响。人们认为任意两条线段，商不是整数就是分数。然而，通过计算边长为 1 的正方形 $ABCD$ 的对角线长度，可以证明这种看法是错误的（右下图）。

根据毕达哥拉斯定理，$AC^2=2$。然而，2 不是任何整数或分数的平方。因此，AC/AD 的比值既不是整数，也不是分数！毕达哥拉斯学派决定对这一发现保密，并威胁要杀死任何泄露这一发现的人。

如今，我们用 $\sqrt{2}$ 表示平方后等于 2 的数字，科学计算器给出其近似值为 1.4142135621……在现代数学中，$\sqrt{2}$ 是一个无理数。

毕达哥拉斯拼图使学生们通过游戏发现毕达哥拉斯定理。

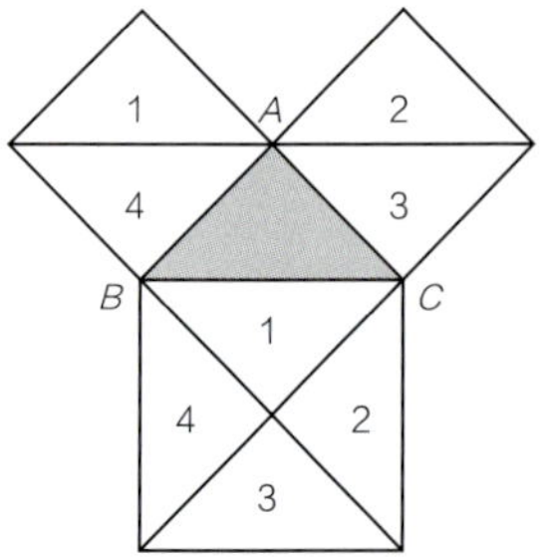

一种可能由毕达哥拉斯作出的证明

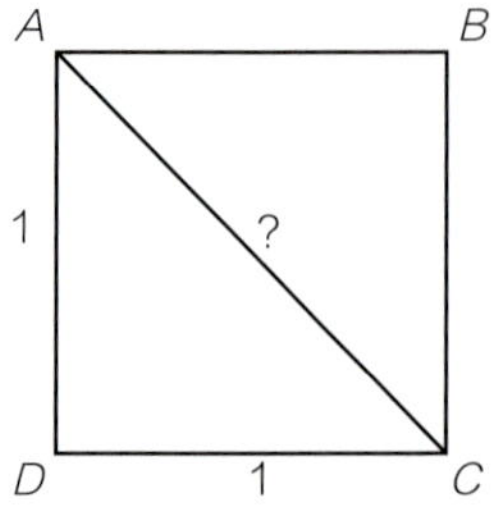

平方根的几何形式

另请参阅

▶中国的勾股定理，第 38 页
▶算术学科的诞生，第 46 页

阿喀琉斯与乌龟赛跑

公元前几个世纪，哲学家赫拉克利特（Heraclitus）、巴门尼德（Parmenides）和芝诺（Zeno）致力于思考时间、空间和运动的性质，更广泛地说，是对“无穷”与“无限”的思考。芝诺是巴门尼德的学生，生活在意大利南部的埃利亚城。正是在那里，他就这些问题提出了几个悖论。

其中最著名的一个悖论就是阿喀琉斯（Achille）① 与乌龟之间的赛跑。比赛开始时，两位参赛者并不在同一起跑线，因为宽宏大量的阿喀琉斯让乌龟先跑了一段路程。即便如此，芝诺表示赢家不一定就是我们所想的那个人！

在《物理学》（*Physique*）第四卷中，亚里士多德（Aristotle）记录了芝诺给出的解释：“在这场赛跑中，快跑者永远赶不上慢跑者，因为追赶者必须首先跑到被追者的出发点，而当他到达被追者出发点时，慢跑者又向前跑了一段距离。”例如，假设乌龟在阿喀琉斯前面 100 米处起跑，且阿喀琉斯的速度为每秒 10 米，而乌龟速度为每秒 10 厘米。芝诺的计算表明，阿喀琉斯将在 10 秒 + $\frac{1}{10}$秒 + $\frac{1}{1000}$秒 + $\frac{1}{100000}$ 秒 + …… + $\frac{1}{10^n}$秒后追上乌龟。由于这个总和有无限多个数字，因此芝诺认为阿喀琉斯将不断接近乌龟，却永远也追不上乌龟。

后来，许多哲学家和数学家对芝诺的悖论提出了解决方法。特别是在 19 世纪，当时人们认识到无穷个正数相加，其结果不一定就是无限的，也可能是有限的。

与芝诺同一时代的唯物主义哲学家留基伯（Leucippus）和德谟克利特（Democritus）提出了一个值得思考的观点，他们认为时间和空间并不是无限可分的。他们的论文出乎意料地极具现代性，因为这使人联想到最近有关量子力学的研究。

① 古希腊神话中的半人神，色萨利国王珀琉斯与海洋女神忒提斯的儿子，在荷马《伊利亚特》中，阿喀琉斯以其勇气、俊美和体壮著称。——译者注

阿喀琉斯雕像。英国伦敦，海德公园。

另请参阅
无穷多个数能相加吗？第 146 页
康托尔——无穷与集合，第 300 页

三大几何问题

用直尺和圆规能够画出一个正方形，使其面积等于一个已知圆的面积吗?“化圆为方”问题是希腊数学传统三大难题之一，另外两个是三等分角问题和立方倍积问题。这 3 个问题吸引了历代数学家进行研究和思考!

三等分角就是只使用直尺和圆规将一个给定角分成三等份。这个问题最早于公元前 5 世纪被提出，但提出这个问题的人并未给出答案。

立方倍积问题则起源于一个古老的传说。为了躲避瘟疫，提洛岛（Délos）的居民要让阿波罗（Apollon）神殿前的祭坛保持立方体形状不变，而其体积要增至原来的 2 倍。已知旧祭坛各个侧面的大小，那么能否用直尺和圆规构建出新祭坛的各个侧面？这个问题引起了众多希腊数学家的兴趣，但他们也没有找到解法。

直到 1837 年，皮埃尔 · 汪策尔（Pierre Wantzel）才证明，用直尺和圆规无法实现三等分角和立方倍积。1882 年，费迪南德 · 冯 · 林德曼（Ferdinand von Lindemann）证明了用直尺和圆规也不可能化圆为方。早在他这次论证之前，这个问题就已经被认为是无解的数学难题，因此当时也用“试图解决化圆为方”这一说法形容一个人“想要解决一个不可能解决的问题”。此外，1775 年，巴黎科学院决定“不再审查有关立方倍积、三等分角或化圆为方等问题的解法，也不再受理关于永动机的任何发明”。

希腊基克拉泽斯群岛提洛岛的阿波罗神庙遗址。

另请参阅

欧几里得——几何学的奠基人，第 60 页
工匠们的几何学，第 120 页

知识链接

柏拉图多面体

如果将多面体的任意一面延展成平面，整个多面体都位于这个平面的同侧，那么就称它为凸多面体。如果一个多面体具有以下 3 个特征，那么它就是一个正多面体：

- 各个面都是全等的正多边形；
- 所有棱长度相等；
- 每个顶点都连接相同数量的棱。

正多面体只有 5 种：正四面体、正六面体、正八面体、正十二面体和正二十面体。

约公元前 530 年，毕达哥拉斯及其信徒很可能只发现了正四面体、正六面体和正十二面体。后来，雅典数学家泰阿泰德（Theaetetus）又发现了正八面体和正二十面体。这 5 种正多面体组成了柏拉图多面体结构，以哲学家柏拉图（Plato）的名字命名。公元前 358 年，柏拉图在《蒂迈欧篇》（*Le Timée*）一书中论述了这些多面体，并对它们进行了研究。

柏拉图多面体家族包括 5 个规则多面体：四面体、立方体、八面体、十二面体和二十面体。

公元前 350 年
定义圆锥曲线

1637 年
圆锥曲线方程

1668 年
牛顿和第一台反射式望远镜

圆锥曲线

梅内克缪斯（Menaechmus）在研究立方倍积问题时发现了圆锥曲线。这些圆锥曲线是由一个垂直于母线的平面切割圆锥体而得到。圆锥的顶角有锐角、直角或钝角 3 种，其截面形状分别为椭圆、抛物线或双曲线。两个世纪后，在亚历山大（Alexandrie），佩尔格（Perge）的阿波罗尼乌斯（Apollonius）指出，用一个平面切割单个圆锥将得到各种形状的圆锥曲线，包括圆形。右侧图展现了 3 个圆锥截面图：从上到下依次是一个椭圆、一个抛物线和双曲线。

此外，圆锥曲线被定义为平面上点的轨迹。椭圆是平面到两个定点的距离之和为常值的点的轨迹，这两个定点是圆锥曲线的两个焦点（右上图）。抛物线是平面内到定点与定直线的距离相等的点的轨迹（右中图）。双曲线是平面内到两个定点的距离之差为常数的点的轨迹（右下图）。梅内克缪斯和阿波罗尼乌斯没有想到这一发现会对数学的发展产生重要影响！

17 世纪，伽利略证明了抛射体的运动轨迹是一条抛物线（具有阿波罗尼乌斯等先人论述的圆锥曲线中“抛物线”的某些性质），开普勒证明了行星轨道的形状是一个椭圆。牛顿的望远镜带有一个抛物线形镜面，平行于光轴射到镜子的光线被反射回镜子的焦点，并在这一点聚集成像。如今，汽车前灯后面的反射镜呈抛物线形状则利用了同样的原理：反射镜焦点处的光源射出明亮光线，经过反射镜的反射，形成一束平行光线。同样，电视天线也呈抛物面，以便将电波集中在位于其焦点处的接收器上。

卫星天线正在“聆听”来自宇宙的声音。

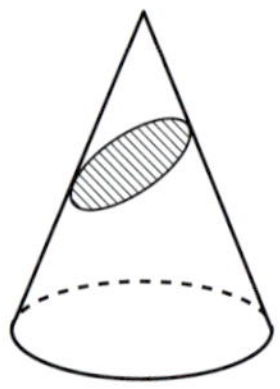

椭圆

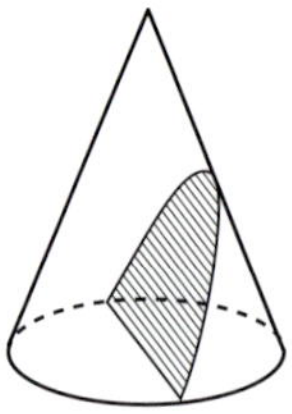

抛物线

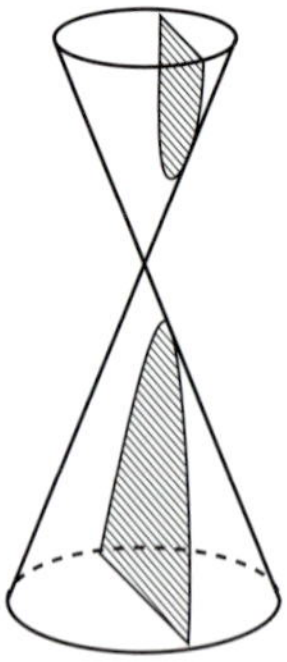

双曲线

另请参阅

▶知识链接：炮弹的轨迹，第 197 页
▶开普勒第三定律，第 200 页
▶星际航行，第 322 页

公元前 1500 年
玛雅文明

公元前 300 年
玛雅人的记数法

16—17 世纪
西班牙征服尤卡坦半岛

玛雅人的记数法

在玛雅人向外扩张的鼎盛时期，其领土总面积超过 30 万平方千米。当时还没有国家的概念，只有城邦，每个城邦都由一个国王统治，各城邦间互相争权夺利。玛雅人使用图像文字进行书写，也就是用图画表示完整的单词或声音。在玛雅传说中，文字是由太阳神 [造物主胡纳伯（Hunab）的儿子] 伊特萨姆纳（Itzamna）赋予人类的。

玛雅人用 20 进制记数法来书写数字。数字由 3 个符号表示：一点、一横和一个代表零的贝形符号。对于 1 到 19 之间的数字，每个点代表 1，每条横线代表 5。

大于 19 的数字由几组符号共同表示，它们自下而上竖直排列。每组符号对应 0 到 19 之间的某个数字，因此每组最多有 4 个点和 3 条横线。但不同的符号组中，点和线所代表的数值也各不相同。自下而上的两组相邻数字间，上面一组数字中点和线所代表的数值总是下面一组的 20 倍，不过也有例外，第三组是第二组的 18 倍。因此，右上图表示的是数字 89878 的书写方式，一共有 4 组数字。自下而上，每组分别代表 18、220（11 × 20）、3240（9 × 20 × 18）和 86400（12 × 20 × 18 × 20），总和是 89878。

这种表示方法一般从下到上按组读数。如果有一组没有数，则用表示零的符号进行标记。如右下图所示，数字 5051（11 + 0 + 14 × 20 × 18）就是这种情况。

奇琴伊察的玛雅金字塔，墨西哥尤卡坦半岛。

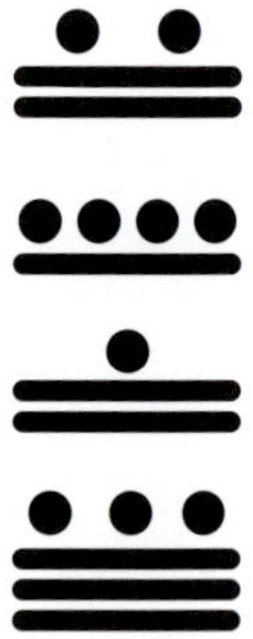

玛雅记数

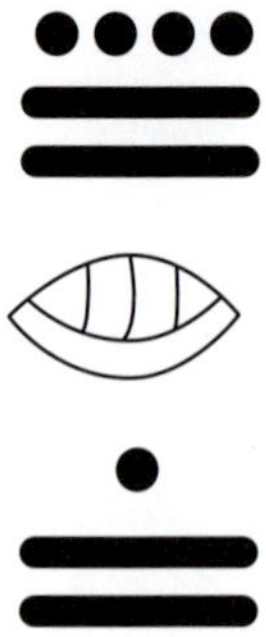

带有零符号的玛雅记数标记

另请参阅
印加人的数字，第 132 页
阿兹特克算术，第 142 页

欧几里得——几何学的奠基人

欧几里得的五条公设在生活中处处可见。

欧几里得于公元前 3 世纪所著的《几何原本》（*Éléments*）一书，包含了当时在几何学和算术方面的全部数学知识。在之后的 2000 多年的时间里，这部不朽著作在数学教学中一直占据着主导地位。《几何原本》被翻译成十几种语言，有几百个版本。每一卷中的数学定理都按照严密的逻辑关系进行阐述和论证。这些论证会用到已经证明过的定理，也会用到第一卷中未经证明而得到的结论。欧几里得提出了几何学五条公理和五条公设，它们在某种程度上成了数学推理的“指南”，具体如下：

- 等于同量的量彼此相等；
- 等量加等量，其和相等；
- 等量减等量，其差相等；
- 彼此能够重合的物体是全等的；
- 整体大于部分。

前四条公设分别为：

- 过两点能作且只能作一条直线；
- 线段（有限直线）可以无限地延长；
- 给定任意线段，以其中一端为圆心，线段长度为半径，可作一圆；
- 凡是直角都相等。

欧几里得几何的第五条公设与平行线有关。如今，这条公设被表述为：“给定一条直线，通过此直线外的任意一点，有且只有一条直线与之平行。”在欧几里得之后，许多数学家都尝试证明过这条公设，但都没有成功。然而，伯恩哈德·黎曼（Bernhard Riemann）对第五条公设进行了修改，用另一条新公理取代它，创建了非欧几何。

另请参阅

- 欧几里得与算术，第 62 页
- 欧几里得与空间，第 64 页
- 罗巴切夫斯基几何，第 288 页
- 非欧几何一例，第 294 页
- 大卫·希尔伯特的新公理，第 308 页

欧几里得与算术

欧几里得的《几何原本》第七卷到第十卷涉及算术内容。其中，他研究了整数相除、素数、合数和互素等数学问题。他认为，如果“两个整数的最大公约数是 1”，那么这两个数互素。例如，22 和 25 互素，因为它们的公因数只有 1。如果两个整数不互素，这就意味着它们有多个公因数。其中，最大公因数缩写为“PGCD”（plus grand commun diviseur）。尽管欧几里得没有用过这种缩写形式，但他给出了计算方式，也就是我们今天所说的欧几里得算法，只需重复做除法便能求得两个整数的“PGCD”。

第九卷专门研究素数，如 2、3、5、7、11、13 等。欧几里得解释说，要想知道一个整数是否为素数，只需用它除以小于其平方根的所有整数即可。然后，他展示了如何将一个整数分解为素因数的乘积，如 $84=2^2\times3\times7$ 和 $3780=2^2\times3^3\times5\times7$。

他用这种分解式证明了素数有无限个。当代数学家艾蒂安·吉斯（Étienne Ghys）在 2016 年 2 月 10 日的《世界报》（*Le monde*）上将这一证明进行了简化：“数字 5、13 和 31 都是素数，他们都无法整除数字 2016，因为 $5\times13\times31+1=2016$。可见，2016 的素除数与我们之前所说的素除数不同。因此，对于任何有限的素数列表，至少有一个素数不在这个列表中。”

目前已知的最大素数于 2016 年被发现，它有 22338618 位数字！然而这些数字如何排列至今未可知。伯恩哈德·黎曼曾提出过一个假设，这个假设适用于之前几十亿个素数，但能否适用于后来的素数，目前还不得而知！

孪生兄弟“Tweedledum”和“Tweedledee”是刘易斯·卡罗尔（Lewis Caroll）所著《猎鲨记》（*The Shark Hunt*）中的角色。其中还出现了孪生素数，如 17 和 19 或 29 和 31。大约 1850 年，有人推测存在无限个孪生素数，但尚未被证实。

另请参阅

算术学科的诞生，第 46 页
巴切特·德·梅济里亚克的那个令人愉悦的问题，第 194 页
算术的复兴，第 210 页
数论的繁荣，第 250 页
皮亚诺的算术系统，第 306 页

17
19

欧几里得与空间

《几何原本》中第十一卷和第十二卷主要讲述立体几何，包括对其性质的描述和体积的计算与证明。在这两卷中，欧几里得并没有对“空间”本身进行研究。直到 17 世纪，欧洲人才对空间展开了广泛的研究！对欧几里得来说，空间只是物体存在的“场所”，它要么是空的，要么被物体占据。他只对“立体”感兴趣，并从五种正多面体开始研究：正四面体、正八面体、正六面体、正十二面体和正二十面体。第十二卷中的命题 13 到命题 17 分别描述了它们的结构，而命题 18 证明了正多面体只有以上 5 种。此外，他还计算出了每种正多面体的外接球直径与棱长之比。

17 世纪，开普勒又发现了两种正多面体：大星十二面体和小星十二面体（右图）。它们都由一个正十二面体构成，表面布满棱锥，是两个非凸的正多面体。

1809 年，路易·庞索（Louis Poinsot）发现了最后两个非凸星形正多面体，即大十二面体和大二十面体。1811 年，奥古斯丁·路易·柯西（Augustin-Louis Cauchy）才证明，开普勒和庞索推测的四种多面体就是三维空间中可能存在的全部星形正多面体。

欧几里得又研究了棱柱和金字塔，还有几种“圆形体”，如圆柱体、圆锥体和球体。他给出球体定义，即为一个半圆盘以其直径为轴旋转而成的几何体。他认为，球体“就是一个连续曲面下的立体图形，这个曲面由半圆运动形成，它绕直径旋转一周回到初始移动的位置”。

我们对空间的概念与欧几里得完全不同。这张照片是国际空间站“圆顶”的内部视角，宇航员从那观察和拍摄地球。

左边是大星十二面体，右边是小星十二面体

另请参阅

阿基米德多面体，第 70 页
开普勒多面体，第 184 页
笛卡尔 - 欧拉公式，第 252 页
数论的繁荣，第 250 页
绘制超立方体，第 302 页

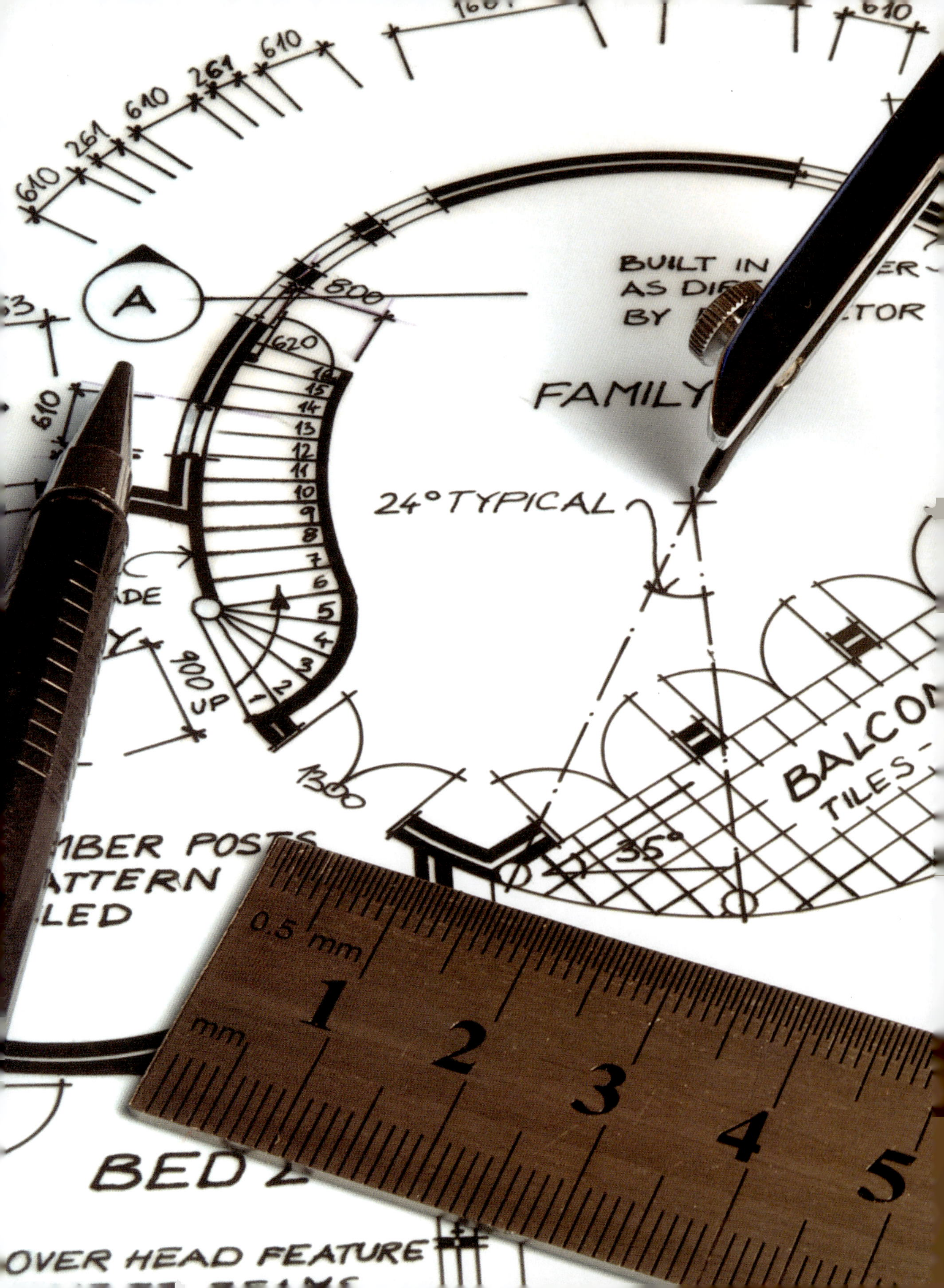
610
261
610
261
610
A
800
620
BUILT IN
AS DI
BY
FAMILY
24°TYPICAL
900
UP
1300
35°
BALCO
TILES
MBER POSTS
ATTERN
LED
0.5 mm
mm
1
2
3
4
5
BED 2
OVER HEAD FEATURE

知识链接

为什么偏偏是直尺和圆规?

古希腊数学家认为直尺和圆规是非常重要的作图工具。利用这两种工具，可以画出圆、直线、直角、60 度角、角平分线、线段的垂直平分线、平行线、垂线和各种正多边形，如等边三角形、正方形或正五边形等。此外，还可以用尺规作图法作出已知角或已知线段，验证两个图形全等。可见，直尺和圆规的使用有助于数学论证。可以说，欧几里得几何就是尺规几何。

然而，古希腊数学家很快就意识到，有些图形无法用尺规构造，如正七边形、正九边形或正十一边形。对于这些难题，数学家又进行了几个世纪的研究!

公元前 550 年 地球是圆的

公元前 240 年 埃拉托色尼

1669 年 测量子午线

测量地球

约公元前 6 世纪，毕达哥拉斯曾设想地球是圆的，两个多世纪后，亚历山大图书馆馆长、昔兰尼的埃拉托色尼（Ératosthène）对地球进行了测量。为了进行计算，他假设太阳距离地球十分遥远，那么照射到地球上的太阳光可视为平行光。然后，他分别在两地观测太阳的位置：

- 在埃及南部城市赛维纳（Syène，今阿斯旺一带），夏至日正午时，太阳光垂直射向地面。

- 在亚历山大港，同样是夏至日正午，把一根木棍垂直插入土地中，可计算出太阳光与垂直方向的夹角为 7.2°。

由于从亚历山大港到赛维纳的距离等于 5000 斯塔迪亚，而且这两个城市实际位于同一子午线上，埃拉托色尼便推断子午线上 7.2° 所对应的圆弧长为 5000 斯塔迪亚（1 斯塔迪亚约等于 157 米）。通过简单的计算，便可得出地球的半径是 39788 斯塔迪亚，计算结果接近 6300 千米。

如果假设地球不是圆的而是平的，我们也可以进行同样的计算。在这种情况下，照射到赛维纳和亚历山大港的太阳光不再是平行光线，而是来自太阳所在位置的一点。计算结果显示，太阳与地球间距离为 39579 斯塔迪亚，约 6250 千米。由此产生两个结论：太阳离地球很近，而且地球的直径相对较小！可见，地球是平的这一想法显然是错误的。事实上，早在公元前 2 世纪左右，中国的天文学家就已经进行了相关的计算。

埃拉托色尼的另外两大成就同样值得关注。他利用子午线和平行线绘制了当时的世界地图。此外，他还提出了一种能够得出素数列表的算法，并以自己名字命名，称为埃拉托色尼筛法。

埃拉托色尼是对的！

另请参阅

▶克罗狄斯 · 托勒密的研究成果，第 96 页
▶哥白尼反驳托勒密，第 170 页

阿基米德多面体

将一个立方体各棱中点两两用线段连接，会得到一个新立方体，称为阿基米德截半立方体。像他的前人一样，16 世纪的开普勒在著作中选择将一系列多面体归功于阿基米德（Archimedes），这个命名是为了纪念这位伟大的数学家。

截半立方体有 12 个顶点、6 个正方形面、8 个三角形面和 24 条棱（右上图）。所有棱长度相等，每条棱都是三角形和正方形的交棱。每个顶点都是 2 个三角形面和 2 个正方形面的公共顶点。

阿基米德多面体家族共有 13 个多面体，截半立方体是其中之一。事实上，如果我们考虑到其中两个多面体的特殊性质，即扭棱立方体和扭棱十二面体，它们在平面镜中的形状跟原本的形状不同，便可得知，这类多面体共有 15 个可能性而非 13 个。

阿基米德曾研究了所有的半正多面体，尽管相关研究业已遗失，后人仍称为阿基米德多面体，它们有如下特征：

- 至少以两种正多边形为面；
- 所有棱长相等；
- 每个顶点连接的各面排布情况相同；
- 它们都是凸多面体。

如今，阿基米德多面体对于运动员来说并不陌生。截角二十面体见右下图，从正二十面体每个顶点的棱边的 $\frac{1}{3}$ 处将其顶角截去而得。它有 32 个面、60 个顶点、90 条棱与 12 个五边形面和 20 个六边形面。

一些足球正是由 32 块形状与截角二十面体的 32 面完全相同的皮革制成。皮革两两相连，沿边缝合起来。当足球充气膨胀后，它就是一个近乎完美的球形。

一个标准的足球！铲球也要一样标准！

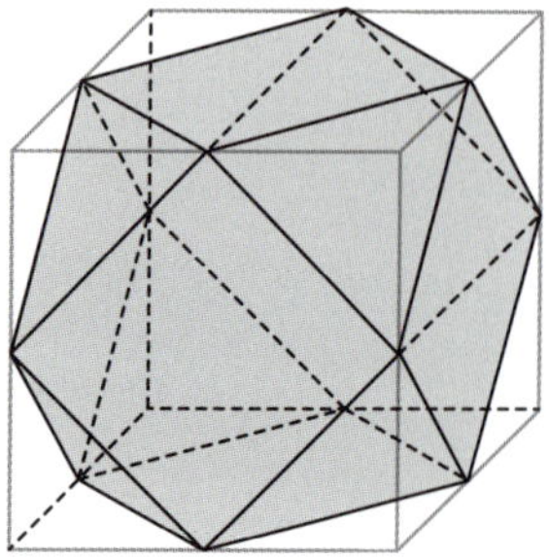

阿基米德截半立方体

截角二十面体

另请参阅

▶开普勒多面体，第 184 页
▶笛卡尔－欧拉公式，第 252 页

红色小棍和黑色小棍

汉朝是中国历史上辉煌的朝代之一。这一朝代见证了儒家思想的胜利，还见证了纸张的发明，以及负数的发明等。

用黑色小棍摆出的数表示正数，用红色小棍摆出的数表示负数。利用这些小棍就可以完成正负数的加法运算。这类计算的基本法则为：相同数量的红色小棍与黑色小棍相加等于 0。例如，要将（+4）与（−3）相加，先把 4 个黑色小棍和 3 个红色小棍并排放置在一起，然后再拿掉 3 个黑色小棍和 3 个红色小棍，最终结果为（+1）。

在进行加法运算时，还要遵循另外两条法则：

- 黑色小棍加黑色小棍，结果全为黑色小棍。
- 红色小棍加红色小棍，结果全为红色小棍。

减法运算也并不复杂。先举一例，我们可以直接从 4 个黑色小棍中拿掉 2 个，这样就剩下 2 个黑色小棍，也就是（+4）−（+2）=（+2）。

然而，要从 3 个黑色小棍中移去 5 个黑色小棍，这几乎是不可能实现的。于是，我们先将 2 个黑色小棍和 2 个红色小棍加到 3 个黑色小棍上（即为 0），这样共计 5 个黑色小棍和 2 个红色小棍。如此一来，我们就可以从中移去 5 个黑色小棍，最终剩下 2 个红色小棍，所以（+3）−（+5）=（−2）。

然后，我们进行最后一个减法运算，要从 2 个黑色小棍中移去 3 个红色小棍。于是我们需要将 3 个红色小棍和 3 个黑色小棍加到 2 个黑色小棍上（即为 0）。然后，从中拿掉 3 个红色小棍，我们可以看到还剩下 5 个黑色小棍，所以（+2）−（−3）=（+5）。如上运算过程见右侧 4 图。

孔子是与毕达哥拉斯同时代的哲学家和思想家。

（+4）+（−3）

（+4）−（+2）=（+2）

（+3）−（+5）=（−2）

（+2）−（−3）=（+5）

另请参阅

中国传统记数法，第 30 页
中国科学记数法，第 42 页
中国式算法——盈不足术，第 76 页
负数的发明，第 104 页

阿基米德的墓碑

《圆的度量》(*De la mesure du cercle*)一书阐述了阿基米德关于圆的研究成果。存在两个正 96 边形，一个内接于圆，另一个外切于圆，通过计算它们的周长，便可以得到圆的周长范围，即在“直径 $\times 3+\frac{10}{71}$”和“直径 $\times 3+\frac{10}{70}$”之间。为了计算圆的面积，阿基米德将圆分解成无限多的三角形，从而证明了圆的面积等于它周长的一半乘以半径！

在另一本书《论球和圆柱》(*De la sphère et du cylindre*)中，他证明得出，如果将一个半径为 r 的球体内切于一个半径为 r、高为 $2r$ 的圆柱体中，则球的表面积等于圆柱的侧面积，且球体积是圆柱体体积的 $\frac{2}{3}$。

阿基米德认为这一发现是他在数学方面最大的成就，并让人将“圆柱容球”(右上图)的图形刻在他的墓碑上。古希腊著名哲学家和历史学家普鲁塔克(Plutarque)在其著作《名人传》(*La vie des hommes illustres*)一书中证实了这一说法。凭借着这一图形，西塞罗(Cicéron)于公元前 75 年找到了这块墓碑。但如今，墓碑却已不见！

此外，阿基米德还试图解决三等分角和化圆为方问题。为此，他提出了一种几何曲线，也就是著名的阿基米德螺线(右下图)。这条平面曲线是由 M 点运动所形成的轨迹，该点在一条射线(d)上以恒定的速度移动，而这条射线本身也以恒定的速度绕点 O 旋转。刻在老式 78 转、33 转或 45 转“黑胶”唱片上的凹槽就是阿基米德螺线结构。在唱片机工作时，唱臂会沿着这个螺线运行。在数学史上，这条曲线是由两种运动组合而形成的轨迹最早实例之一。

33 转的唱片每侧只有一条凹槽；45 转的唱片也是一样。凹槽的形状是阿基米德螺线。

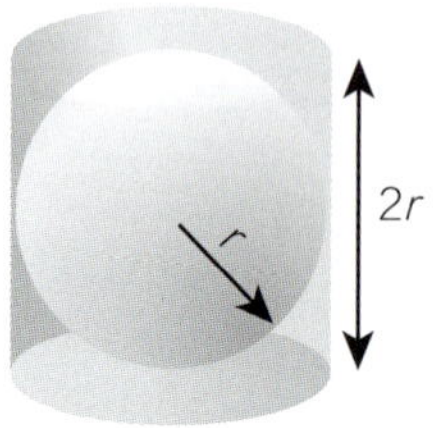

圆柱容球

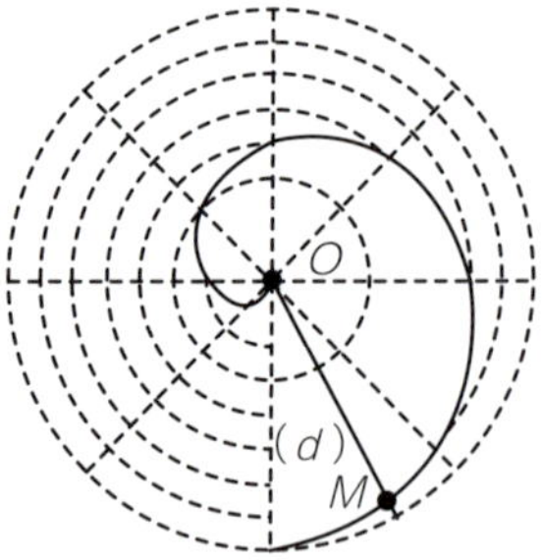

阿基米德螺线

另请参阅

极坐标和对数螺线，第 220 页

公元前 1650 年 埃及的三角形比例问题

公元前 200 年 中国的比例问题

19 世纪 “三率法”使交叉相乘在法国普及

中国式算法——盈不足术

《九章算术》是中国古老的数学典籍之一。汉朝时流传的是手抄本，后来才有了印刷本。书中记录了很多数学题，按照性质或解法分类，每类为一章。其中的第七章，尽管题目各异，但解法相同，称为“盈不足术”。这些数学题在当时备受关注，人们在计算表中通过一系列近乎程序化的运算求得结果。

下面列举一例：“一群人去购物，若每人出 8 文钱，则多了 3 文；若每人出 7 文钱，则差了 4 文。问有多少人去购物，商品的价格是多少？”

为了解答这个问题，我们首先把题目中提到的所有数字用小棍代表放在计算表中。

当然，用小棍代表数字需要了解中国记数法，但为了便于计算，这里用阿拉伯数字表示，计算步骤如下：

（1）把所有数字填写到计算表中。

（2）首先将 4 个数字交叉相乘，即为 8×4=32 和 3×7=21；然后执行加法运算 4+3=7 和减法运算 8-7=1 和 4-3=1。

（3）最后，将32和21相加，得到53。如上计算过程见右侧4图。

然后便可以给出答案：“一共有 7 个人，因为 7 除以 1 等于 7。物品的价格是 53 文钱，因为 53 除以 1 等于 53。”盈不足术虽然看起来很神秘，但实际上是在解一个简单的一元一次方程。

中国山水画中的留白，或许也是盈不足术的一种表现形式。

𝍧	𝍦		
𝍢	𝍣		

放有用小棍代表的数字计算表

8	7		
3	4		

计算步骤（1）

32	21		7
		1	1

计算步骤（2）

		53	7
		1	1

计算步骤（3）

另请参阅
中国的高等记数法，第 42 页
红色小棍和黑色小棍，第 72 页

松陰落〻曲江面柳色森〻綠映
堤車馬不喧塵自隔〻淨小樓長
日聽鶯啼 庚申冬月沈士充寫

知识链接

纸的发明

公元前 3 世纪，中国人发明了纸。1 世纪之前，人们一直用水、植物纤维和胶类物质造纸。后来，东汉一位在御用手工作坊中工作的工匠蔡伦发明了另一种造纸方法，用这种方法制成的纸张质量优良。自此，几个世纪中这种造纸工艺一直是一个被严格保守的不传之秘。

751 年，中国军队与巴格达哈里发的军队交战，被俘的中国士兵中有 2 名造纸工匠。在他们的帮助下，阿拉伯人在撒马尔罕（Samarkand）得以建立了一家造纸场。

随后，中国造纸术传到中东地区，如巴格达和大马士革。阿拉伯人在 12 世纪将其引入西班牙和西西里岛。1348 年，法国人在特鲁瓦（Troyes）建立了第一家造纸场，但其纸张质量比羊皮纸差得多。直到 15 世纪末，约翰内斯·古腾堡（Johannes Gutenberg）发明了活字印刷术，大大推动了造纸业的发展。

用竹子来造纸。

波利比乌斯方阵

古希腊城邦曾发动了无数战争，他们曾与波斯帝国作战，有时各城邦之间也会发生战争。为保护同盟城邦内部以及军事首领与军队间的通信秘密不被泄露，他们发明了军事通信密码对信息进行加密。

希腊历史学家希罗多德（Hérodote）讲述道，公元前 499 年，希斯提埃乌斯（Histiaeus）煽动米利都（Milet）的阿里斯塔格拉斯（Aristagoras）起兵反抗波斯帝国。希斯提埃乌斯将一个奴隶的头发剃光，在头皮上刺下起兵造反的密信，然后等奴隶的头发重新长出来后，派他去米利都向阿里斯塔格拉斯报信。

公元前 4 世纪，战术家埃涅阿斯（Énée le Tacticien）在其军事著作中记载了希腊人对信息加密的方法。他们用点代替通信文本中的元音字母，一个点代表“阿尔法（alpha）”，两个点代表“艾普西隆（epsilon）”，以此类推，7 个点代表“奥米伽（omega）”。在这种加密方式中，辅音字母没有任何改变。

希腊和罗马历史学家波利比乌斯（Polybe）是“波利比乌斯方阵”密码的发明者。使用这一方法时，我们将字母表中字母依次填写于 5×5 方阵的 25 个方格中，注意忽略字母 W，需要时可由 2 个 V 代替。加密信息中的每个字母都将替换为两个数字，这两个数字由它在方阵中的位置表示，先是行数，再是列数。

假如通过这种方法加密信息，LES PERSES ATTAQUENT DEMAIN（波斯人明日进攻），将变为 32 15 44 41 15 43 44 15 44 11 45 45 11 42 51 15 34 45 14 15 33 11 24 34。

若打乱字母的排列顺序，这个方法则更加有效。直到 19 世纪，俄罗斯沙皇警察部队和无政府主义团体仍然使用波利比乌斯方阵密码加密信息（右图）。

陈放在维也纳的奥地利议会前的希腊和罗马历史学家波利比乌斯的雕像。

	1	2	3	4	5
1	A	B	C	D	E
2	F	G	H	I	J
3	K	L	M	N	O
4	P	Q	R	S	T
5	U	V	X	Y	Z

带有现代字母和阿拉伯数字的方阵密码盘

另请参阅

知识链接：凯撒密码，第 93 页
肯迪破解凯撒密码，第 116 页
法国国王的“破译员”，第 180 页
格隆斯菲尔德的密码，第 242 页

三角学的创立

喜帕恰斯（Hipparcus，或 Hipparque 译为依巴谷）是亚历山大时期著名的天文学家和数学家。他的著作没有流传下来，后人大多通过克罗狄斯 · 托勒密（Claude Ptolémée）的记载了解其所作的贡献。例如，他发明了球极平面投影法用于创作各恒星的星图。如右上图所示，球面上除北极点 N 外任意一点 E 影射到赤道平面（P）上的点 E'。直线（NE）与平面（P）相交于点 E'。

喜帕恰斯认为，地球处于宇宙中心，行星在远离地心的圆形轨道上运动。例如，火星在一个圆形轨道上匀速转动，同时其本轮中心 O 也绕地球中心 T 匀速转动。O 点位于地日线上，绕地球匀速转动（右下图）。

喜帕恰斯编有 850 颗恒星的星表，并根据恒星的亮度将其分为 6 类。古罗马自然哲学家老普林尼（Pline l' Ancien）在他的《自然史》（*Histoire naturelle*）一书中对这一壮举赞誉有加："喜帕恰斯敢于做出一件胆大包天的事：为后继者计算星星的数量，修订星座名单。"

阿拉伯人从 9 世纪开始广泛使用星盘。然而早在发明星盘的同一时期，喜帕恰斯创立了三角学，利用古巴比伦六十进制进行计算，阐释了圆心角与其对应的圆的弦长之间的关系。喜帕恰斯还通过月食天象测定了月球半径和月地距离。

月亮和金星一起在天空中闪耀。喜帕恰斯指出，这两颗星本身不会发光，但他们就像一面镜子一样反射光。

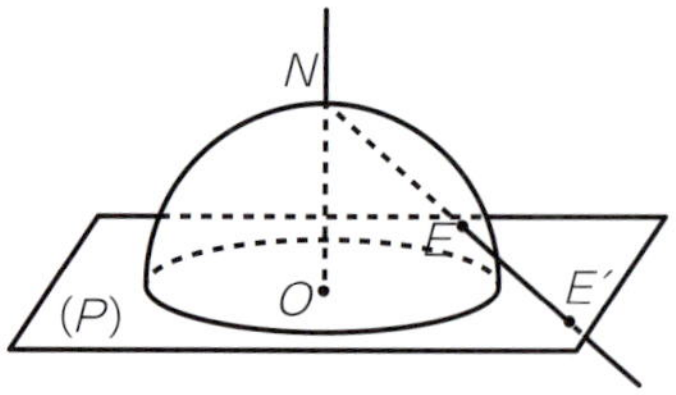

球体上一点在赤道面的投射点

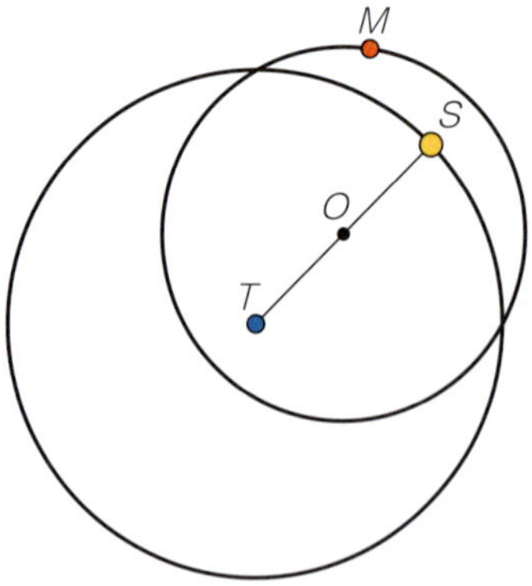

"地心说"模型

另请参阅
▶球面几何学，第 94 页
▶克罗狄斯 · 托勒密研究成果，第 96 页
▶哥白尼反驳托勒密，第 170 页

公元前 753 年
罗马建立

公元前 100 年
古罗马记数法

820 年
阿拉伯数字

古罗马记数法

罗马数字出现于公元前 500 年左右，右图中展现的 7 个符号分别是数字 1、5、10、50、100、500 和 1000 早期的表示形式。罗马数字起源于过去牧羊人数羊的方法，他们通过在棍子上划切口来记录羊群数量。

公元前 1 世纪左右，这些符号被字母 I，V，X，L，C，D 和 M 所取代，因此罗马的数字系统共有 7 种数字符号。书写数字时要遵循以下规则：

- 从左往右读写数字。除了要做减法的数字外，其他数字从左到右先写大的数字、后写小的数字，然后将数值相加。例如，数字 1030 写成 MXXX，而不是 XXXM。

- 小的数字在大的数字的右边，所表示的数等于各数值相加得到的数，如 XIII 读作 13，XXXII 读作 32。

- 小的数字在大的数字的左边，所表示的数等于大数减小数得到的数。例如，IV，IX，XIX 和 XL 分别读作 4、9、19 和 40。 此外，还有一些特殊的写法，如 49 写成 XLIX 而不是 IL，99 写成 XCIX 而不是 IC。

- 通常来说，同一数字不得重复超过三次，但数字 I，X，C 和 M 在某些情况下可以连续写四次。例如，4、40、400 或 4000 可以写成 IIII，XXXX，CCCC，MMMM。在早期的罗马货币上，4 和 9 也是写成 IIII 或 VIIII，而不是 IV 或 IX。

在这些规则下，仅用 7 个数字无法表示大于 5000 的数。为解决这一问题，罗马人将一个数字框起来，代表这个数扩大 100 倍；在一个数的上面画一条横线，这个数就扩大了 1000 倍。例如，$\overline{V}$，$\overline{X}$，$\overline{C}$，$\overline{D}$ 和 $\overline{M}$ 分别表示数字 5000、10000、100000、500000 和 1000000。

罗马帝国消亡后，欧洲各国仍然使用罗马数字，直到文艺复兴结束。

罗马数字已经使用了很长时间，时钟上仍在用它们标记小时，巴黎的奥赛博物馆。

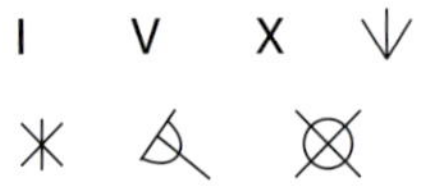

古老的罗马数字

另请参阅

▶古罗马算盘，第 86 页
▶古罗马装饰中的几何学，第 88 页

XII
I
II
III
IIII
V
VI
VII
VIII
IX
X
XI

古罗马算盘

罗马人计算不是笔算，而是使用被称为算盘（abacus）的计算板，然后誊写得到的结果。一个算盘上，从右向左标记为 I，X，C，M 和 $\bar{X}$ 列。这些数字分别对应单位个、十、百、千和万。在适当的列和空格中放上算筹或小石子进行计算。尽管罗马记数系统不是十进制，但算盘是在十进制基础上设计的，放置在每列顶部空格里的算筹都代表该列十进制的 5 个单位。右上图和右下图中展示了数字 1367（红色筹码）和 2546（绿色筹码）在算盘上相加的过程。

使用算盘做减法也相对简单，然而乘法则稍微复杂一些。我们可以根据需要将起始数相加足够的次数，或者使用基于 2 倍乘法的埃及乘法。

1 世纪前，算盘被放在相当重的板子上，很难搬运。这也解释了便携式算盘的出现，也就是用平行凹槽代替列，凹槽中可以滑动大小相同的钮扣。

和罗马数字一样，算盘计算也传遍整个欧洲。至少在学术界，这种计算方式到中世纪末才被笔算取代。

图中心偏上有一个便携式罗马算盘。

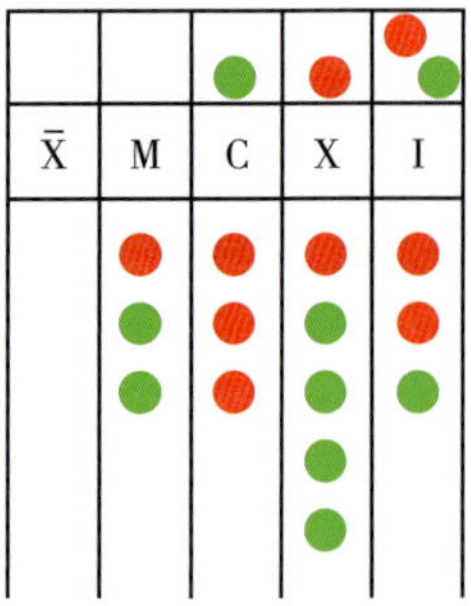

两数相加

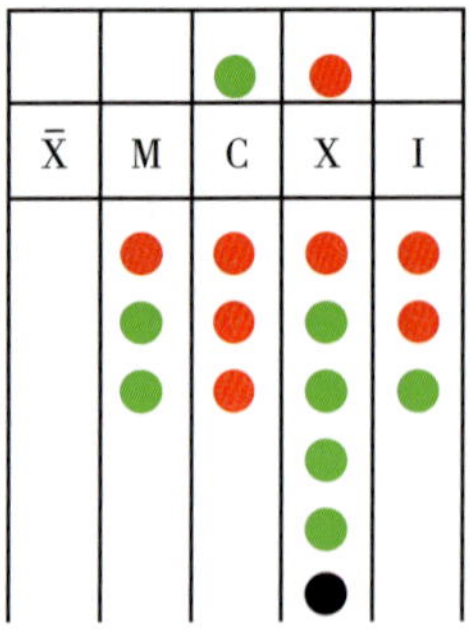

结果是 3913

另请参阅
古罗马记数法，第 84 页
古罗马装饰中的几何学，第 88 页
古罗马测量员所用的几何学，第 90 页

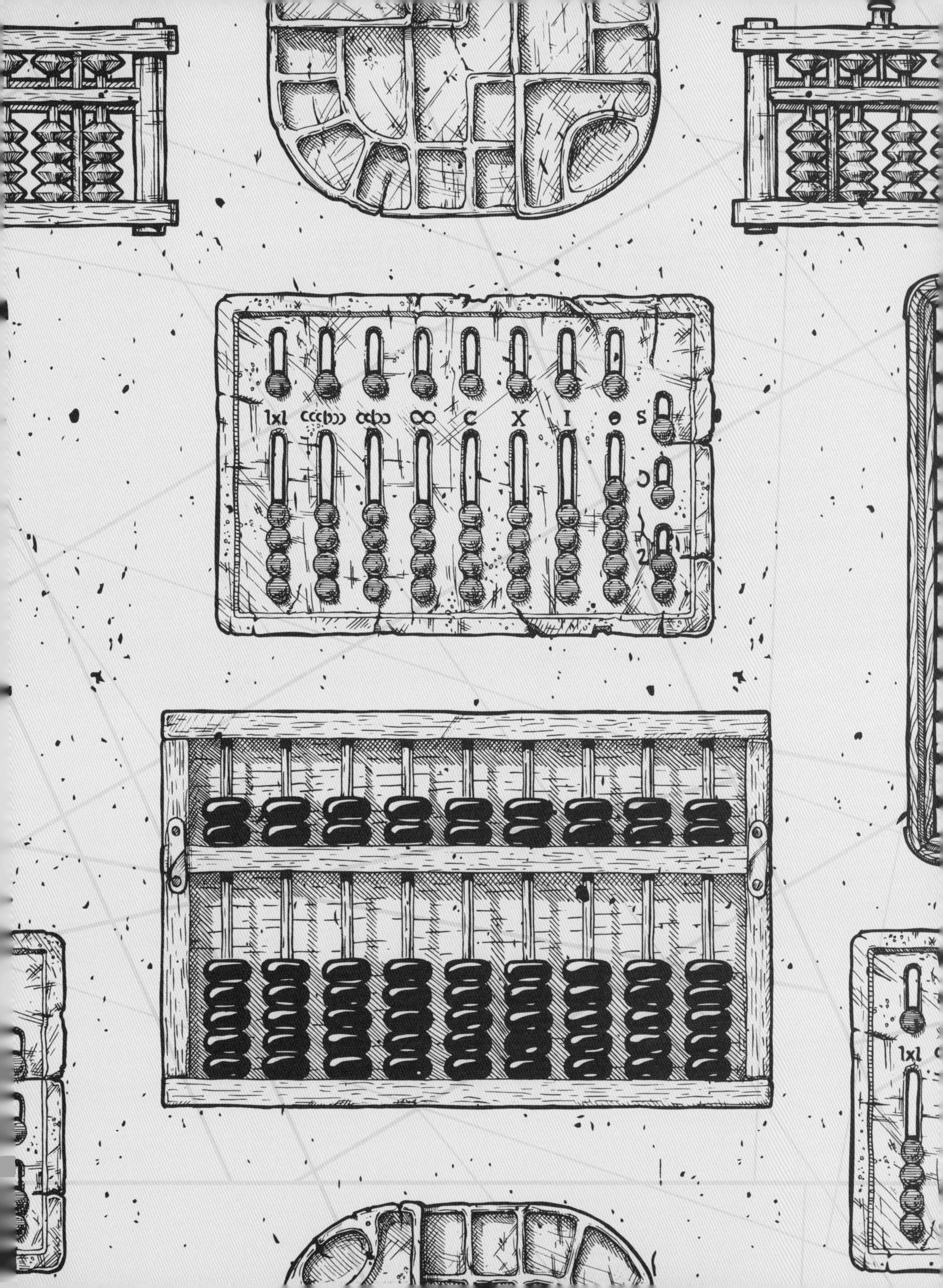
C
X
I
S

古罗马装饰中的几何学

在古罗马的城市里，贵族们的住宅和宫殿装饰得富丽堂皇，有雕塑、壁画和镶嵌画。从这些镶嵌画和拼花地板中，人们也发现了大量有关罗马几何知识的信息。

一幅镶嵌画由成千上万块彩色小石子组成，这些镶嵌块排列成各种各样的图案：花、水果、动物、历史或神话人物等。无论是镶嵌墙上还是铺设于地面，制作镶嵌画都是从建造一个石头基座开始，先在上面覆上好几层砂浆，然后在最后一层砂浆未干时，画出所设想图案的大致轮廓。最后，工人们将镶嵌块逐个摆放并固定好。干燥后，将画清洗并打磨干净。

拼花地面，即覆盖地面的镶嵌画，通常尺寸很大，而且能够描绘出各式各样的几何作品。简单的只用正方形，复杂的则使用其他正多边形、多角星形等。罗马人主要使用从希腊人身上学到的技术来绘制这些多边形。

右上图展示了一幅罗马镶嵌画，如今保存在保加利亚代夫尼亚博物馆。它由中心的正方形和周围的三角形组成。此外，还有全部由圆弧组成的拼花地面，如右下图所示，所绘线条均是正方形网格中的$\frac{1}{4}$圆弧。

罗马镶嵌画中部分几何图案。这幅作品来自安达卢西亚（西班牙）的卡莫纳。

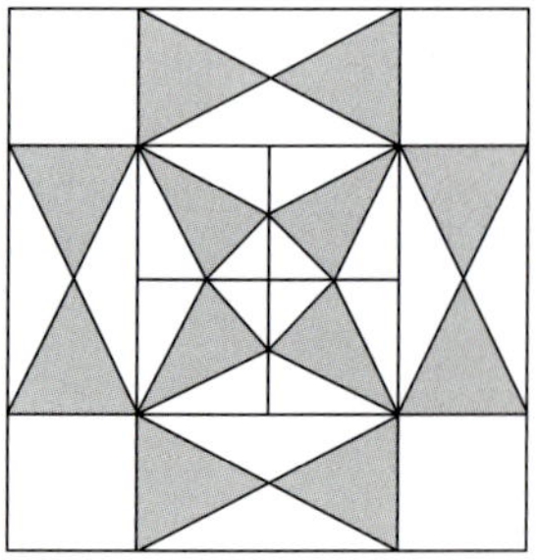

用直线分割正方形和长方形的镶嵌画

用弧线分割正方形的镶嵌画

另请参阅

古罗马记数法，第 84 页
古罗马算盘，第 86 页

古罗马测量员所用的几何学

第一批专业测量员出现在奥古斯特大帝统治时期，他们的职责主要是测量和划定土地，绘制地图以计算面积。使用的仪器有“格罗马仪”（右图）和“窥管”。第一个工具用于定位瞄准、检查对齐和确定垂直方向，第二个工具可以测量角度。

测量员为政府的所有建筑工程提供指导，例如，他们会负责道路修建和维护工作。罗马帝国时期，公路网已非常发达，长达数万千米。主干线上立有“千步碑”，用来表示以罗马“里”为单位的距离，1 里约等于 1460 米。他们还负责修建输水管道，将水从山区引到城市。此外，测量员还负责指导建立军营和为新城市奠基。

测量员的另一部分工作是对征服的行省和土地进行划分，并分配给退伍军人。因此，他们需要确定土地大小并计算面积。

三角形、正方形或长方形的表面积可以直接根据其尺寸计算，但更复杂的表面积则必须分解成多个三角形来计算。

测量员所需的几何知识并不简单，但这些几何知识已经成为他们开展工作的基础知识。尽管罗马人是杰出的建造者，但他们既没有对几何学的理论发展做出贡献，也没有推动数学领域的整体进步。他们主要是从埃及人和希腊人那里借用了相关知识。

加尔桥高 49 米，是罗马人于 1 世纪在法国南部建造的水道桥。

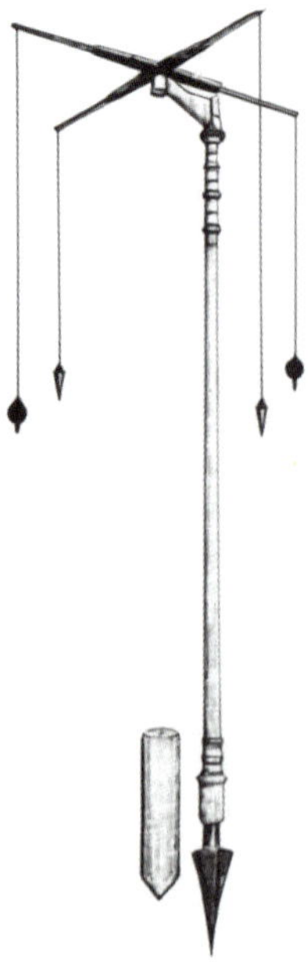

格罗马仪

另请参阅
古罗马记数法，第 84 页
古罗马算盘，第 86 页
古罗马装饰中的几何学，第 88 页

知识链接

凯撒密码

公元前 58 年，尤利乌斯 · 凯撒（Jules César）开始征服高卢。凯撒想出了两种信息加密方式来保证与其他将领之间的通信不被敌军知晓。第一种加密方式简单但不安全，就是用希腊字母替换加密信息中的拉丁字母。第二种加密方式由苏维托尼乌斯（Suétone）于 121 年在其所撰写《帝王传》（*Les vies des douze César*）中做出解释。

这种加密方式规则简单，只需将字母表中的字母进行循环移位，例如，每个字母都由它在字母表上位置后面的第三个字母代替：如用 D 代表 A，用 E 代表 B，以此类推。在这种加密方式下，信息 VENI VIDI VICI① 就变成了 AJSN ANIN ANHN。当然，人们也可以通过选择不同的偏移量来改变编码方式。几个世纪中，凯撒密码都无法被破译，而今天只有小学生还在使用这种加密方法。

① "我来，我见，我征服。"拉丁语，凯撒名言。——译者注

尤利乌斯 · 凯撒在阿莱西亚围城战结束时的景象。利昂内尔 · 鲁瓦耶（Lionel Royer）绘于 1899 年，勒皮昂韦莱市的克罗扎蒂埃博物馆藏。

球面几何学

有关球面几何的第一批研究成果是由喜帕恰斯于公元前 2 世纪完成。球面三角学起源于 1 世纪，古希腊数学家梅涅劳斯（Ménélaos）在其著作《球面学》(*Les Sphériques*）中研究了这一概念，并将其应用于天文学。

为什么肥皂泡是球形的?

翻开这本书，最开始的内容就是一系列基础定义。经过球体直径上两个相对应的点的圆，称为大圆。若球面上 A、B、C 三个不同的点不属于同一个大圆，那么这三个点就确定了一个球面三角形（右图）。球面三角形中的每条边都是大圆的圆弧。利用圆的切线，梅涅劳斯还给球面三角形 ABC 中的 α 、β 和 γ 三个角下了定义。

球面三角形的某些特征与平面三角形相似。例如：

- 球面三角形中的两个角相等则两条边也相等。
- 球面三角形中的三个角相等则三条边也相等。
- 任意球面三角形中，最长边对应最大角。

而其他结论与平面三角形则完全不同。例如：

- 球面三角形的内角和总是大于 180°。
- 球面三角形中可以包含一个以上的直角。

与平面几何相同，球面几何也利用数据计算球面三角形的不同组成部分，但由于其各边为圆弧，因此对边长的计算通常转换为对角度的计算。

喜帕恰斯和梅涅劳斯之后，球面三角学成为天文学的重要计算算法之一，但直到 19 世纪，人们才发觉球面几何学不属于欧几里得几何。

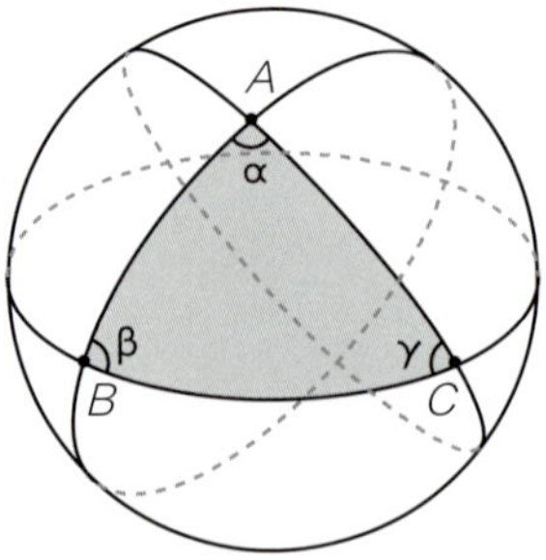

球面三角形 *ABC*

另请参阅

三角学的创立，第 82 页
古罗马算盘，第 86 页
古罗马装饰中的几何学，第 88 页
克罗狄斯 · 托勒密研究成果，第 96 页
非欧几何一例，第 294 页

公元前 130 年 喜帕恰斯 | 140 年 托勒密撰写著作 | 1543 年 哥白尼著作出版

克罗狄斯 · 托勒密的研究成果

公元前 331 年，亚历山大大帝（Alexandre le Grand）创建了亚历山大城。亚历山大教理学校中会集了众多智者，譬如欧几里得、喜帕恰斯，以及首任图书馆馆长埃拉托色尼。到了 2 世纪中叶，天文学家及数学家托勒密在此发表了两篇论文，它们对欧洲以及阿拉伯的自然科学影响深远。

在第一部著作《地理学》（*Géographie*）中，他梳理概括了希腊罗马时期的地理知识。托勒密在文中绘制了一张世界人口地图。和埃拉托色尼一样，他用经纬线，测定了 8000 多个地点、城市，以及重要地理遗址的地理坐标。直到 16 世纪，该书仍被用作旅行手册。该书的第一批印刷本及其配套的地图于 1477 年出版于法国博洛涅。

他的第二部著作在阿拉伯世界被称为《天文学大成》（*L'Almageste*，又叫 *Le très grand livre*），主题是天文学。托勒密在文中论述了天空以及行星运动。他认为，地球是一个球体，处于世界的中心，且完全静止。太阳、月亮和当时已知的 5 颗行星在圆形轨道上绕着地球匀速旋转。除月亮以外，其他星体与地球之间的距离完全未知。为了将星体的运动可视化，托勒密引入了一个复杂的“圆圈系统”，其中地球不总在宇宙中心。在以地球为中心的圆上，他确定了土星外其他恒星的位置。

《天文学大成》中还记录了一些一直沿用到哥白尼时代的三角函数表。欧洲的基督教会采用了托勒密关于宇宙的论述，即星球后面就是天堂。直到大约 1543 年，哥白尼才提出了日心说系统从而取代了托勒密的地心说系统。

克罗狄斯 · 托勒密的虚构肖像，于斯特 · 德冈（Juste de Gand）于 1476 年创作，卢浮宫博物馆藏。

另请参阅
- 三角学的创立，第 82 页
- 球面几何学，第 94 页
- 哥白尼反驳托勒密，第 170 页

小 结

数学在美索不达米亚、古埃及、古代中国和古印度都具有实用性，用于解决与人类生活密切相关的实际问题。问题和解答都借助具体的数字实例来阐述，大多没有揭示共性。没有通用的符号或公式，只有文字解释。

公元前 6 世纪左右，随着“希腊奇迹”的发生以及“理性才能通往真理与知识”观念的兴起，一切都改变了。在数学中，对抽象对象的探寻占据了上风，譬如整数、无起点与终点的直线，或形状极其完美的圆。那些早就在数学论文中提及的一系列命题，其真理性不再取决于经验验证，而是靠推演证明。欧几里得的《几何原本》正是如此写就，并在 20 多个世纪内影响了数学的发展。

柏拉图学园由柏拉图于公元前 4 世纪创立，其座右铭是“不懂几何者禁止入内”。图为在庞贝城发现的罗马镶嵌画。

632年至1258年，阿拉伯－伊斯兰世界的版图从大西洋延伸到印度北部和中国边境。

8世纪，阿拉伯学者借用印度人的十进制系统和数字。他们发现了“印度算术”并创立了三角学。随后他们还翻译了希腊和印度伟大的数学家的著作。他们还发明了十进制整数、十进制分数、代数和组合分析，推进了数学的发展。

罗马衰败后，数学知识在欧洲几近消失。直到10世纪，欧洲数学在与意大利南部和安达卢西亚的阿拉伯学者的交流中才得以复兴。

阿拉伯数字的发现标志着一个重要的转折点，但欧洲人花了近3个世纪才接纳了阿拉伯数字。12世纪，人们在安达卢西亚图书馆中发现的伟大的希腊和阿拉伯数学家的作品被翻译成拉丁语。亚里士多德的哲学思想和托勒密的学说被教会采用并允许在新建的大学中教授。

在美洲遥远的土地上，阿兹特克文明和印加文明发明了原始计算法。

476年

1395年

中世纪
——从古罗马帝国的消亡到14世纪末

罗马帝国的灭亡

476 年，西罗马帝国灭亡后，欧洲经历了长期动荡。基督教成了西欧唯一的宗教。5 世纪至 10 世纪，偶有几篇数学论文也是一些人靠着手头上仅有的几部希腊著作写就。波埃修斯（Boèce）用拉丁语翻译了古希腊杰拉什的尼科马库斯（Nicomaque de Gérase）的《算术导论》（*Introduction à l'arithmétique*）。后来，波埃修斯成了殉道者和圣徒，他的书主要论述了数字的分类以及相关的玄奥意义，例如，毕达哥拉斯的有形数、全数、过剩数、亏数、平均数，以及比例与比率。此外，他还翻译并出版了欧几里得的前 4 册书。

6 世纪，塞维利亚的伊西多尔主教编写了一部 20 卷的百科全书。他在书中对波埃修斯做出评价，总结和概括了他的算术成就，并留下了大量玄妙评论。他否认地球是圆的，并断言地球是一个平面盘状。大量“T.O. 地图”的出现也证明了当时这种看法。① 它将地球分为 3 部分，即欧洲、非洲和亚洲 3 大洲，其外围是圆环形状的海洋。于是当时的人们认为耶路撒冷是世界的中心，而《圣经》，尤其是《新约》为一切真理的来源。在欧洲，修道院的数量大大增加，并逐渐成为整个欧洲的文化中心。这是因为修道士们掌握着当时的珍稀手稿并负责誊写，譬如普林尼（Pline）的《自然史》（*Histoire naturelle*）、柏拉图的《蒂迈欧篇》（*Timée*）、波埃修斯的数学集册以及其他有关亚里士多德逻辑学的译作。几个世纪中，波埃修斯的书成了欧洲基督教世界数学知识的集大成之作。

为了组织角斗，罗马于 1 世纪建造了斗兽场。如今罗马斗兽场已经成为罗马的象征。

另请参阅

▶ 算术学科的诞生，第 46 页
▶ 测量地球，第 68 页

① T.O. 是 *Terrarum Orbis* 的首字母缩写，意为“土地的形状”。

负数的发明

尽管印度文明与中国文明在历史上曾有交流，但负数似乎是它们各自的发明。在印度，数学家婆罗摩笈多（Brahmagupta）发明了负数，他生活在印度七圣城之一的乌贾因，地处恒河三角洲。628 年，他编写了一本书，书中解释了正数、负数和零的运算法则。他写道："零减负数变成正数，零减去正数变成负数。"此外，他还注意到负数没有平方根。

如今属于代数领域的一些问题也引起了婆罗摩笈多的兴趣，他是历史上第一个用字母代指未知数的人。和他之前的数学家阿耶波多（Aryabata）一样，他习惯以诗歌的形式描述问题和答案。其中一题的译文写道："森林里的骆驼数量是总数的$\frac{1}{4}$，山上的骆驼数量是总数平方根的 2 倍，河边的骆驼数量是 3×5。他得出共有 36 只骆驼。"

三角函数中，婆罗摩笈多将阿耶波多的研究成果继续向前推进。引入锐角余弦后，他利用毕哥拉斯定理（勾股定理）推导出了著名的公式 $\sin^2x+\cos^2x=1$，揭示了两个互余角的正弦和余弦之间的关系，并根据半角的正弦和余弦成功表示出了整个角的余弦。

他还给出了公式$\sqrt{(p-a)(p-b)(p-c)(p-d)}$，已知圆内接四边形周长的一半 p 和四个边长 a，b，c，d 就能求得该四边形的面积。然而婆罗摩笈多误以为该公式适用于所有四边形。

人们第一次接触负数往往是在冬季，当气温降至 0℃以下时。

另请参阅

印度记数法，第 16 页
红色小棍和黑色小棍，第 72 页

°C
°F
50
40
30
20
10
0
10
20
30
120
100
80
60
40
20
0
20

查理大帝时期的数学游戏

阿尔昆（Alcuin）是一位来自约克郡的英国修道士，曾受查理大帝委托创办学校。另外，他还是已知最早的数学趣题集的作者，书中他提出了一个问题："河的左岸有一只狼、一只羊和一筐白菜，有人想用小船把它们运到河的对岸，但每次只能运一样东西或一只动物。且狼和羊或者羊和白菜不能一起运送，如果无人看管，狼会吃掉羊，羊会吃掉白菜。那么他该怎么做呢？"为了解决这个逻辑难题，人们通常会尝试各种可能性。如果有解，则一定能通过图表找到答案，数学家称为"图"。

我们用字母 P 表示船夫，字母 L 表示狼，字母 C 表示羊，字母 X 表示白菜。符号 PCXL0 表示起始情况：船夫、羊、狼、白菜都在 1 号岸，2 号岸什么也没有。符号 PCXL 意味着船夫、羊、白菜在 1 号岸，而狼已经到了对岸。符号 XLPC 意味着白菜和狼在 1 号岸，而船夫和羊在 2 号岸。一旦排除了诸如 PLCX，CXPL，LCPX，PXLC 等情况，就仅剩 10 种情况有待验证。我们可以画一个图表，其中每个顶点代表一种可能的状况。当船夫 P 从起点运到对岸时，连接两个顶点。因此图中每条线只能连接船夫的出发点和对岸抵达点。我们看到图中有一条从初始状况（PCXL0）到最终状况（0PCXL）的路径（右图）。图论在数学与信息技术领域用处很大，然而直到 1736 年欧拉（Euler）在圣彼得堡科学院发表一篇七桥问题的文章后，图论才进入大众视野。

羊和白菜在一起的话，羊会吃掉菜（见中世纪《诗篇》手稿中的插图底部）!

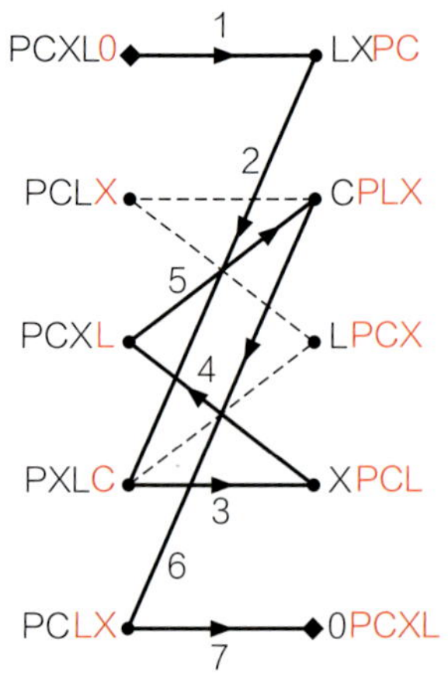

阿尔昆谜题的解法

另请参阅
- 柯尼斯堡的七桥问题，第 244 页
- 知识链接：商务出行者的难题，第 285 页
- 马里恩巴德游戏，第 328 页
- 魔方，第 334 页

uiam intelligere teq: triumphatorem
mortis. sedentem ad patris dexteram
confiteri. per.

Saluum me fac deus:
qm̄ intrauerunt aq̄
usq: ad aīam meam.
Infixus sum in li-
mo profundi: ⁊ nō
est substancia.
Ueni in altitudinem maris: ⁊ tempesta[s]
demersit me.
Laboraui clamans rauce facte sunt:
fauces mee: defecerunt oculi mei dum
spero in deum meum.
Multiplicati sunt super capillos capitis
mei: qui oderunt me gratis.
Confortati sunt qui persecuti sunt me
inimici mei iniuste: que non rapui

阿拉伯记数法

巴格达始建于 762 年。近 5 个世纪中，它一直是阿拔斯王朝的首都。大约 820 年，为促进自然哲学的发展，哈里发[1]马蒙（Al-Mamun）在巴格达创立了“智慧宫”（*Maison de la sagesse*）。这是一座天文观测台，也是一个大型图书馆，接纳了无数学者、数学家、哲学家、天文学家和地理学家等。哈里发鼓励翻译印度和希腊的自然哲学著作。那时人们开始翻译欧几里得、阿波罗尼乌斯、阿基米德、托勒密、阿利亚巴塔（Aryabhata）、布拉马古普塔（Brahmagupta）等人的作品。

阿拉伯学者同希腊人一样使用字母表中的字母或者某些组合来表示数字。与印度文化广泛接触后，他们发现了“印度算法”，也就是印度人所用的十进制计数法。这比传统的阿拉伯记数系统简单得多。

第一本介绍印度十进制计数系统及其优点的书于 9 世纪面世，作者是“智慧宫”的一名图书管理员，名叫阿尔·花剌子米（Al-Khwarizmi）。他来自希瓦城，位于现今乌兹别克斯坦。法语单词“算法”（algorithme）正是从他的名字演变而来。《印度计算加减法》（*Livre de l'addition et de la soustraction d'après le calcul indien*）原书已经失传，通过它的拉丁文译本，我们才知晓书中所写内容。阿尔·花剌子米在书中首次使用了 10 个印度数字（下图第一行）：

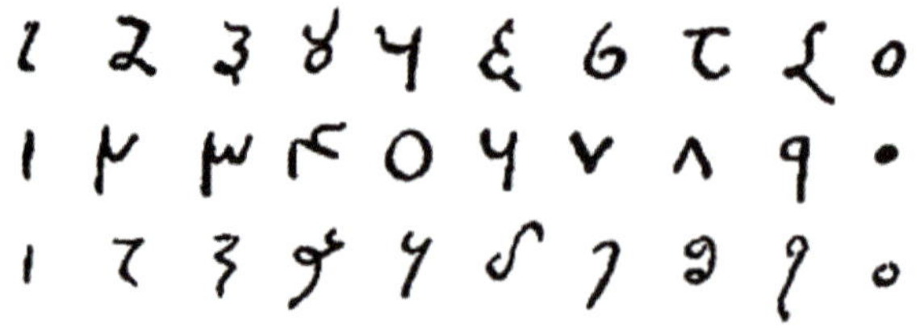

为了适应阿拉伯文字的书写习惯，这些数字经历了两次不同的演变。在巴格达，人们使用印地语数字（chiffres hindi）（上图中间行），而在马格里布，人们使用“古戈尔”数字（gubar）（上图第三行）。在纸张传入之前，数学演算一般在地上或者铺满沙子或灰尘的计算桌上进行。

骆驼能很好地适应炎热和干旱的环境。3000 多年前，它成为阿拉伯的“沙漠之舟”。

另请参阅

印度记数法，第 16 页
花剌子米发明代数，第 112 页
用纸还是用算盘？第 152 页
欧洲人采用十进制，第 178 页

① 穆罕默德的继承者，伊斯兰国家的领袖被称为哈里发。——译者注

阿拉伯双试错法

阿拉伯双试错法是阿拉伯数学家借自印度算术家的方法，实际上它只是比例法则的另一种形式的应用。这种方法能够在不列方程式的情况下解决计算问题，今天我们也是通过同样的方法计算。阿尔·花剌子米在书中对其进行了详细论述。以他提出的问题之一为例："某数字与它的$\frac{1}{2}$和$\frac{1}{3}$相加，得 33。该数字是多少？"

为了便于计算，我们选择一个能被 3 整除的任意数，比如 12，接着按照题目要求进行计算。12 的一半是 6，12 的$\frac{1}{3}$是 4，$12+6+4=22$，最终结果是 33，22 显然不够。那么我们用数字 12 试验的结果与最终结果相比为$\frac{22}{33}$，所以可以推算出所选数字与所求数字之间的关系也是$\frac{22}{33}$，因此所求数字为$12\times\frac{33}{22}=18$。验算答案：$18+\frac{18}{2}+\frac{18}{3}=18+9+6=33$，答案正确！

要解决某些更复杂的数学问题，则需要通过"错误假设"产生的错误结果进行推理。例如，问题为"一位商人以总额 468 第纳尔的价格购买了 120 个罐子，其中有的罐子单价是 2 第纳尔，有的罐子单价是 5 第纳尔，求商人这两种罐子分别买了几个？"

假设单价是 2 第纳尔的罐子买了 50 个，那么单价是 5 第纳尔的罐子就买了 70 个，商人共需支付 $50\times2+70\times5=450$ 第纳尔，比他实际支付总额少 18 第纳尔。所缺的 18 第纳尔来自哪儿？因为某些罐子以单价是 2 第纳尔的价格成交，而不是 5 第纳尔。而 $18\div3=6$，因此可以推断出有 6 个罐子的成交价低于 5 第纳尔。因此，单价是 2 第纳尔的罐子有 $50-6=44$ 个，单价是 5 第纳尔的罐子有 $120-44=76$ 个。无须使用有 2 个未知数的二元一次方程组也能得出答案！

花剌子米在他的家乡希瓦城（今乌兹别克斯坦）的雕像。

另请参阅

▶ 中国式算法——盈不足术，第 76 页
▶ 花剌子米发明代数，第 112 页
▶ 尼古拉·许凯的代数，第 162 页

花剌子米发明代数

阿尔 · 花剌子米生活在哈里发马蒙统治下的巴格达，他编写了数学史上的第一本代数教材。在阿拉伯语中，这本书的名字是“Kitab al-Jabr w'al-Muqabalah”，译作《移项和集项的科学》[1]（*Livre sur la transposition et la réduction*）。

其中“Muqabala”指的是在数学等式中的集项，例如，$a+b=1+a$，可得 $b=1$。“*al-Jabr*”则指在等式中移项并改变计算符号。例如，通常用 $8+3=a$ 来代替 $8=a-3$。意大利克雷莫纳的数学家热拉尔（Gérard de Crémone）将此书译为拉丁文时，将“al-Jabr”译为“代数”（algebra）。

与如今的书写规范不同，阿尔 · 花剌子米并未使用任何抽象符号，而是从日常用语中借词书写方程式。数字使用全字母拼写，未知数用单词“say”代替，意为“某物”。而今天，人们习惯于用字母 x 表示未知数。此外，他还使用了单词“gizr”来表示“根”，其本意是“隐藏之物”。尽管阿尔 · 花剌子米了解负数，但他认为负数不可能是方程解。

在撰写代数论文的过程中，阿尔 · 花剌子米萌生了编写一套教材的想法，主要用于解决日常生活，尤其是商业贸易领域中的数学问题。除了纯代数的部分，这本书还有专门解决分配问题以及遗产计算的章节。在阿拉伯帝国时期，继承权有着复杂严密的规章制度，具体取决于血缘关系的远近。

花剌子米时代的巴格达，香料市场高度发达，交易众多，因此商人需要进行大量计算。

另请参阅

阿拉伯双试错法，第 110 页
尼古拉 · 许凯的代数，第 162 页
弗朗索瓦 · 韦达的新代数，第 182 页

① al-jabr 原为恢复平衡的意思，在这里指的是一种代数运算——移项完成后，等式两端又恢复平衡。wal-muqabalah 意指某种面对而立的事实，在这里指的是集项这种代数运算。所以书名可译为《移项和集项的科学》，但通常习惯译作《积分和方程计算法》。这本书译成欧洲语言，书名逐渐简化后，就被直接译成《代数学》，“代数学”（Algebra）一词即由此书而来。——译者注

知识链接

星　盘

公元前 2 世纪，古希腊数学家喜帕恰斯在亚历山大发明了星盘，这是一种用于观测和计算的工具，即测量太阳与群星在地平线以上的高度。刻在星盘外壳上的星图展示了主要的恒星和黄道圈，也就是太阳在天空中运行一整年的路线轨迹。

使用者可以通过瞄准装置将天体（太阳等）的位置与其在星盘上的图像相对应，然后就能测量出目标天体的高度及方向，并以此计算观测点的纬度，然后大致推断出麦加的方向。

9 世纪以来，星盘在整个阿拉伯 - 伊斯兰世界得到广泛应用。而基督教世界直到 12 世纪才在与安达卢西亚学者的交流中发现该仪器。

阿拉伯人制造的星盘。

公元前 58 年

凯撒密码

860 年

肯迪通过频率分析破解凯撒密码

1586 年

维吉尼亚与韦达

肯迪破解凯撒密码

公元前 58 年，高卢战争期间，凯撒大帝设计了一种方法用来加密与将军们往来的信息，他将每个字母循环替换为字母表序列中该字符后面任意行的字母（右图）。10 个世纪以后，人们仍然无法破译以这种方式加密的信息。

第一部介绍有效破译密码方式的作品名叫《破译加密信息手稿》，成书于 9 世纪，作者是艾步·优素福·肯迪（Abu Yusuf Al-Kindi）。这位哲学家、数学家、大翻译家撰写了 200 多部著作，翻译了众多希腊作品，涉猎领域极为广泛，但几乎全部失传。

肯迪观察到阿拉伯语中某些字母和音节出现的频率是相对稳定的，而且他习惯于通过分析伊斯兰教的圣经文本来加以验证。为了破译加密文本，肯迪统计了文本中字母的频率，并将其与书面语中的字母频率进行比较。当需要破译的文本足够长时，这种方法就相对有效。但当文本篇幅很短时，则难以进行频率分析，这种方法可能因此而失败。此外要想成功破译，加密文本还必须以“标准”语言写成。为了彰显其创造性，西蒙·辛格（Simon Singh）在《密码故事》（*Histoire des codes secrets*）中加密了这样一句话：“从桑给巴尔到赞比亚和扎伊尔，臭氧区让斑马呈人字形奔跑”（De Zanzibar à la Zambie et au Zaïre，des zones d'ozone font courir les zèbres en zigzags zinzins），而这个句子过短，字母 z 出现的频率太高使得频率计算毫无意义，因此用肯迪的方法或许无法破译。不过，如果已知该句是按照凯撒大帝的方法加密，那么就可以通过电脑破译。

阿拉伯字母的现代书法变体。书法在阿拉伯 - 伊斯兰世界中一直扮演着重要的角色。

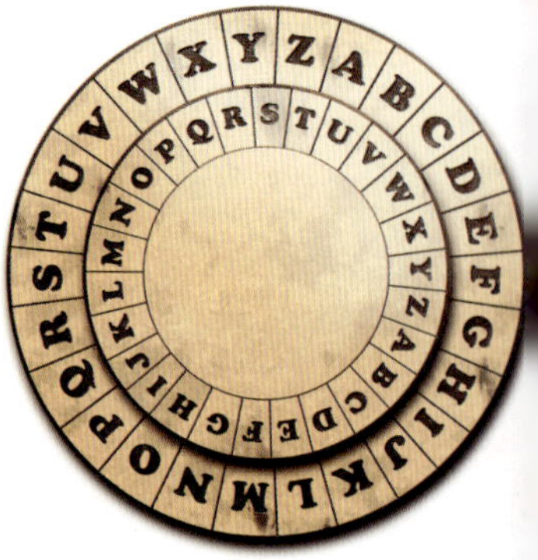

“凯撒之轮”，一种用于编码和解码的旋转装置

另请参阅

知识链接：凯撒密码，第 93 页

法国国王的“破译员”，第 180 页

格隆斯菲尔德的密码，第 242 页

乌格利迪西采用十进制

10 世纪，生于大马士革的叙利亚数学家乌格利迪西（Al-Uqlidisi）较早采用了十进制数和十进制分数（小数），也就是以 10 的 n 次幂为分母的分数。952 年，他在一本介绍“印度算法”的书中阐述了自己的思考。他将十进制数定义为整数部分与小数部分之和。他所用的表现形式与今天已十分相似，即用省文撇把整数和小数部分分开，然后在数字上划线。例如，数字 2.35 那时写作 $\overline{2'35}$ 或 $2+\frac{35}{100}$。按照此惯例，十进制数 $\overline{2'35}$ 读作“两单位又百分之三十五”。

他在书的结尾处指出，计算板在计算中并非不可或缺，因为纸墨已经足够。他还补充说，如果怯于使用印地语数字，则可以用希腊语或阿拉伯语字母表的前 9 个字母代替。

12 世纪中叶的马格里布第一次出现了斜分数线，因此 $\overline{2'35}$ 后来写作 2+35/100。

波斯人阿尔·卡西在撒马尔罕天文台主持工作，他于 1427 年在《算术之钥》（*La clé de l'arithmétique*）中再次定义了十进制分数及整数。在十进制数的书写中，他用一条竖线来分隔整数和小数部分，因此数字 $2+\frac{35}{100}$ 写作 2+35|100。

随着十进制数的出现，数字的概念得以大幅度延伸。阿拉伯数学家认为整数、分数、十进制数、无理数构成了一个数字宇宙，而同期希腊数学家却只区分了整数与比例。

在欧洲，直到 16 世纪末西蒙·斯蒂文（Simon Stevin）的作品问世后，十进制数才在计算中得到广泛运用。

撒马尔罕天文台（现位于乌兹别克斯坦）建于 15 世纪二三十年代的苏丹兀鲁伯。大约 60 名数学家和天文学家在那里工作，包括阿尔·卡西。天文台设有一个直径为 80 米的大型象限仪，可以进行高精度测量。

兀鲁伯天文台入口

另请参阅

阿拉伯记数法，第 108 页
欧洲人采用十进制，第 178 页

工匠们的几何学

波斯人阿布 · 瓦法（Abu'l-Wafa）的著作《工匠与书吏必读算书》[①]（*Le livre sur l'arithmétique nécessaire aux scribes et aux artisans*），阐述了计算平面面积和固体容量的规律。他的另一本著作《几何作图工匠必读》（*Le livre sur les constructions géométriques nécessaires à l'artisan*）则包含大量作图方法，对土地丈量员、木匠、装饰工人和建筑师来说受益匪浅。

伊斯法罕工匠献给阿布 · 瓦法的镶嵌画。

在书的开篇，阿布 · 瓦法解释了如何运用直尺和圆规作图，例如，画垂线和平行线、把一条线段分成等份、画角平分线，以及构建圆的切线。此外，他还提到在边长已知的情况下，如何画出正多边形和圆的外接多边形。

同时，他还论述了如何使一个正多边形内接于另一个多边形。他提出了 5 种不同方式来构建内接于正方形的等边三角形。由于尺规无法精准做出某些正多边形，所以阿布 · 瓦法在书中给出了近似构建的图例。

继阿基米德之后，阿布 · 瓦法可能是最早解决分割问题的数学家之一。举个例子，把 3 个相同的正方形分割成 10 块，他成功用全部碎片拼成了一个新的正方形。反过来，把一个正方形分割成 9 块，他把分割后的部分拼成了 5 个一样的正方形（右图）。他利用正方形所示的结构向伊斯法罕的工匠们解释毕达哥拉斯定理。工匠们为表示感谢，献给阿布 · 瓦法一幅镶嵌画，并将其放在星期五清真寺[②]内。

被分割成 9 块的正方形

另请参阅
罗马的装饰几何，第 88 页
琉璃片艺术，第 126 页
教堂建筑师的几何学，第 136 页

① 也译为《办事人员和官员必读的算书》。——译者注
② 伊斯法罕的聚礼清真寺位于伊朗（伊斯兰共和国）伊斯法罕的历史中心，该清真寺建筑群占地 20000 多平方米，又称“星期五清真寺”。——译者注

组合分析的发明

组合分析就是列出一组对象中的各种元素，这一新数学分支的诞生经历了几个阶段。

8 世纪，伊拉克数学家哈利勒·伊本·艾哈迈德（al-Khalil Ibn Ahmad）尝试编写一部阿拉伯语字典，通过阿拉伯字母表上的 28 个字母，罗列 1、2、3、4 及更多数字的排列组合方式。两个世纪后，卡拉吉（Al-Karaji）研究了 $(a+b)^2$, $(a+b)^3$, $(a+b)^4$ 等代数式的展开。后来，牛顿也投入此项研究。每个代数展开式都含有系数，欧洲人称其为“二项式系数”。例如，$(a+b)^2=a^2+2ab+b^2$ 中包含 3 个系数：1、2、1。卡拉吉萌生了一个想法：将系数运用在布莱兹·帕斯卡的算术三角形（右图）。

13 世纪，摩洛哥数学家伊本·穆尼姆（Ibn Mun'im）发明了整数阶乘的概念。早在《计算科学》（*La science du calcul*）中，他就算出有 120 种方式排列包含 5 个词的清单，也就是 $5\times4\times3\times2\times1$。如今，我们也验证了的确有 120 种可能性来排列这份清单。数字 $5\times4\times3\times2\times1$ 被称为数字 5 的阶乘，记作 5!

另一位摩洛哥数学家伊本·班纳（Ibn al-Banna）算出了在 28 个阿拉伯字母中选取 p 个字母有几种方法。假设 $p=4$，那么方法总共是 $\dfrac{28!}{4!(28-4)!}=20475$ 种。如今，使用 $\binom{28}{4}$ 来表示这个数字，称之为“从 28 个对象中选 4 个对象的组合数”。伊本·班纳首次将计算问题与帕斯卡三角形结合起来。他提出，对于在 n 个不同对象中选取 p 个对象的组合，二项式系数相同。

20 匹马赛跑，前 3 名独赢的概率是 $20\times19\times18=6840$ 种。

1					
1	1				
1	2	1			
1	3	3	1		
1	4	6	4	1	
1	5	10	10	5	1

算术三角形

另请参阅
帕斯卡的算术三角形，第 216 页
二项式定理，第 240 页

知识链接

教皇与阿拉伯数字

热尔贝（Gerbert）于 950 年出生在奥弗涅大区的欧里亚克。他在成为修道士后，于 967 年陪同巴塞罗那伯爵（Comte de Barcelone）前往加泰罗尼亚，然后常居于此处。期间，他常常去教会学校的图书馆看书，馆中保存了不少从阿拉伯语翻译过来的著作手稿。阅读中，他发现了阿拉伯记数法。回到法国后，他就任兰斯教区学校校长，教授修辞学、数学和天文学。他编写了两部算术教材，里面介绍了阿拉伯数字及其在日常算术中的应用。他尝试用阿拉伯数字取代罗马数字，但失败了。直到几世纪后，阿拉伯数字才逐渐在整个欧洲普及，对数学和计算实践产生了深远影响。

热尔贝效力于神圣罗马帝国皇帝奥托三世（Otton III）之后，于 996 年成为教皇格雷古瓦五世（Grégoire V）的顾问，并于 999 年继任为西尔韦斯特二世（Sylvestre II）。最后，热尔贝于 1003 年逝世。

在这幅装饰画上，热尔贝站在皇帝奥托三世的右边。

琉璃片艺术

在伊斯兰的宗教世界中，偶像崇拜是不被允许的。这也就是为什么宫殿和清真寺的墙壁只使用纯粹的装饰艺术。当人们在马格里布发现大量的罗马镶嵌画后，曾试图模仿这种艺术，但是装修时却选择使用琉璃片（阿拉伯语中“光滑的小石子”）来代替大理石作为镶嵌物。琉璃片是一些形状各异的釉面黏土块。

大约 10 世纪，琉璃艺术出现在摩洛哥，随后迅速赢得了西班牙南部城市格拉纳达和科尔多瓦的阿拉伯哈里发的支持。人们用三角形、正方形、菱形等各种星形的琉璃片组成不同的几何图形。例如，两个等边三角形内接于一个正六边形，就形成了六角星（右上图），而两个正方形内接于一个正八边形就形成了八角星（右中图）。最复杂的星形有 96 个角。在琉璃片的装饰搭配中，有些固定的图案可能会在多个方向周期性反复出现。例如，右下图展示了一个非多边形图案，它可以穿插到等边三角形构成的网状结构中。

虽然琉璃片可以在平面上铺成各种各样的图案，但若只用一种正多边形铺就，那么就只有 3 种方案可行：等边三角形、正方形、正六边形。若用两种正多边形来铺，则有 8 种方案可行。1891 年，俄国晶体学家和数学家费多罗夫（Fedorov）发现了在考虑到旋转和对称的情况下共有 17 种不同的铺砌平面的对称图案。

塞维利亚皇家城堡墙壁上的装饰。

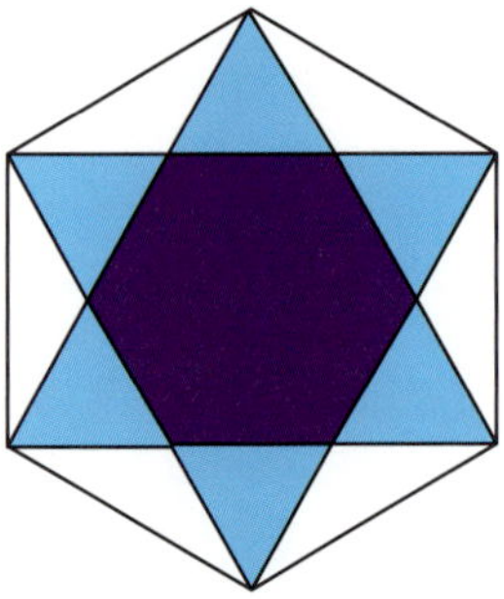

正六边形中的六角星

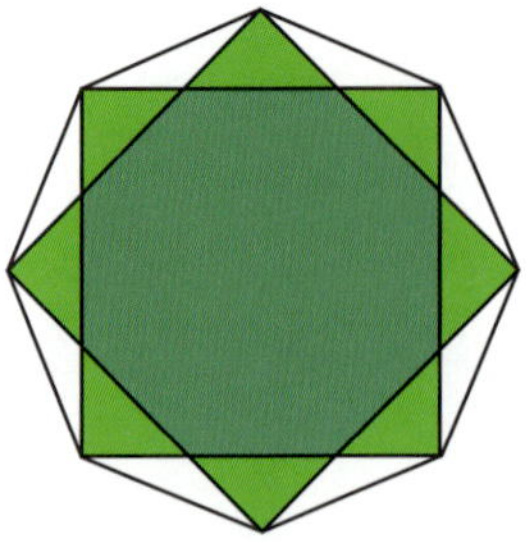

正八边形中的八角星

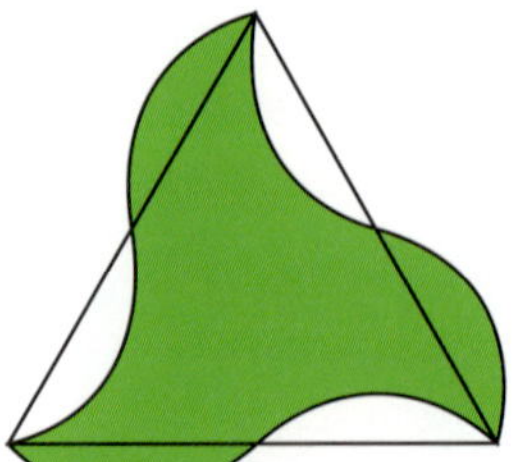

等边三角形的弧形互补图

另请参阅
古罗马装饰中的几何学，第 88 页
工匠们的几何学，第 120 页
教堂建筑师的几何学，第 136 页

奥马 · 海亚姆——诗人、数学家

人道天堂上有仙女神泉，
美酒蜜糖，如河似川。
斟满眼前的杯，高高举起吧，
现世比幻境胜过千般。①

这首诗由奥马 · 海亚姆（Omar Khayyam）所写，摘录自《鲁拜集》（*Les Rubaïyat*），这里的“鲁拜”是一个波斯词语，意为“四行诗”[译自让 · 鲁利耶（Jean Rullier），寻找正午出版社（Cherche Midi），2000]。奥马 · 海亚姆是一位伟大的诗人，他歌颂美酒、美人和流逝的时光，同时他也是一位成就斐然的大数学家。

奥马 · 海亚姆于 1070 年在撒马尔罕写成了著作《代数学》（*Démonstrations de problèmes d'algèbre*），在书中，他对三次方程式进行了分类，但在尝试用代数解方程的过程中失败了。不过，他给出了用圆锥交点获得近似解的方法。例如，在解方程式 $x^3-x=6$ 时，他将该方程式除以 x，得到一个新的方程式 $x^2-1=\dfrac{6}{x}$，然后通过研究图上抛物线和双曲线其中一个交点，求出了方程的解（右图）。

1074 年，他前往伊斯法罕进行为时 5 年的历法改革。他引进了闰年，并定下一年的时间为 365.24219858156 天。

1077 年，海亚姆在伊斯法罕完成了他的另一篇论文。文中，他试图用一个具有垂直于底面的两条相等边的四边形来证明平行定理，但没有成功。许多个世纪后，意大利数学家乔瓦尼 · 吉罗拉莫 · 萨凯里（Giovanni Girolamo Saccheri）也曾使用过这个四边形，但是他的研究成果也并未超越这位波斯诗人的成就。

① 摘自《鲁拜集》，作者海亚姆，由张鸿年翻译，湖南文艺出版社于 2001 年出版，第 67 页。——译者注

罗纳德 · 贝尔福（Ronald Balfour）为《鲁拜集》的英文版绘制的插图，1920 年。

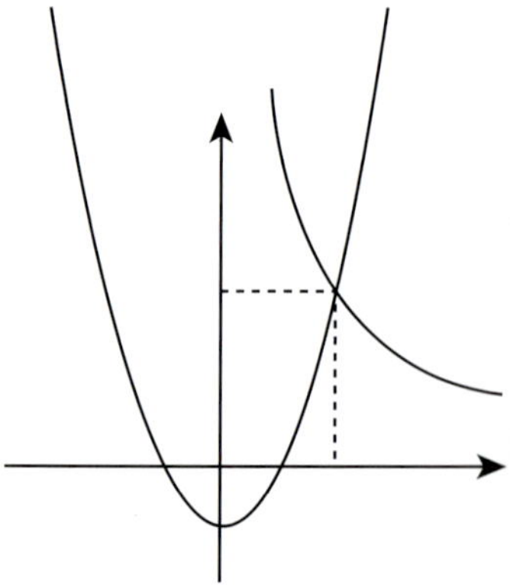

方程 $x^2-1=\dfrac{6}{x}$ 的图解

另请参阅

花剌子米发明代数，第 112 页
虚数的发明，第 172 页
两位倒霉的数学家，第 280 页

知识链接

伟大的欧洲翻译家

929—1492 年，西班牙南部城市科尔多瓦、塞维利亚、格拉纳达仍处于安达卢斯王国的统治之下。11 世纪初，西班牙领土逐渐被收复。1085 年 5 月 25 日，托莱多回归后，基督教徒们为其丰富的文化财富和图书馆资源而着迷。因此，托莱多成了基督教教徒、犹太教教徒和阿拉伯学者重要的聚集地和著名的翻译中心。

来自巴斯的阿德拉德（Adélard）将欧几里得的 15 本书从阿拉伯语翻译成了拉丁语。来自切斯特的罗伯特（Robert）翻译了阿尔·花剌子米的《代数学》。来自克雷莫纳的热拉尔（Gérard）决心独自翻译 80 多部作品，向世人介绍欧几里得、阿基米德、梅涅劳斯、阿波罗尼乌斯和托勒密。此外，他还翻译了几位阿拉伯大数学家的著作，譬如阿尔·花剌子米、肯迪，还有塔比·伊本·库拉（Thabit ibn Qurra）。

安达卢西亚科尔多瓦清真寺。

1100 年前后
印加帝国

1200 年
结绳记事

1572 年
印加帝国被西班牙征服

印加人的数字

印加帝国出现于 12 世纪，存在了 4 个多世纪，其版图一直延伸到安第斯山脉。直到 1527 年，随着弗朗西斯科 · 皮萨罗（Francisco Pizarro）领导的西班牙掠夺开始，它才逐步走向灭亡。

皇帝依靠地方官统治国家，他们负责收取税费、分配土地、组织集体劳作和分配物资。为了向皇帝汇报自己的业绩，官员们需要汇编各类统计数据，并在捆绳上“标记”统计数字，人们称为“奎普斯（quipus）”。

一捆结绳包括 3 到 2000 根绳子，它们都系在一根主绳上。人们用除主绳外的其他绳子上的绳结来表示数字。绳结共有 3 种：单结、八字结、长结——绕 2 至 9 圈（右上图）。

印加人同样使用十进制记数系统。在绳子上“写”数字时，要按照从下到上的顺序系结，先“写”个位，接着是十位、百位、千位等。不同数字间的宽度基本相等。如果要表示数字 0，就不系结，数字位置留空。如需表示其他数字，可根据情况使用单圈的单结、多圈的长结和八字结。

右下图所示的奎普斯上，从左到右依次是数字 11、12、101、1000、323、2230、2232、2231。

印加人使用豆子或玉米粒代替数字在木板上进行数字的加减运算。

马丘比丘位于安第斯山脉的山顶上，海拔 2438 米，是印加人的圣城之一，帝国衰败后便被遗弃了。

印加的三种绳结

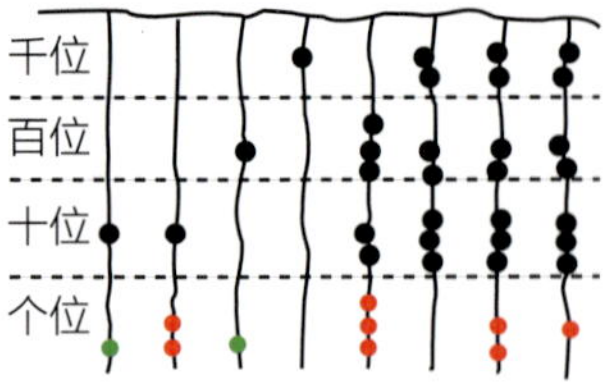

印加的记数系统

另请参阅
玛雅人的记数法，第 58 页
阿兹特克算术，第 142 页

斐波那契数列

来自比萨的莱昂纳尔（Léonard）是商人的儿子，人们都叫他斐波那契（Fibonacci）。他的父亲曾作为比萨共和国的商人代表前往贝贾亚（今阿尔及利亚的一个城市）工作。1192 年，他协助父亲工作，顺便学习阿拉伯语，以及研究阿拉伯数学家的著作。

1202 年，他回到了意大利，出版了自己的第一本书《计算之书》（*Liber abaci* 或 *Livre de l'abaque*）。他对阿拉伯数字很感兴趣，学习了四则运算、分数计算，交换、分配问题、换算货币和计算利息。此外，他还学习了全数、质数、平方根和立方根的使用和方程的解法。

此外，这本书中还编汇了许多有趣的问题，其中最著名的无疑是兔子问题：“如果商人只有一对幼兔，每个月每对兔子能生出一对幼兔，幼兔第二个月才有繁殖能力，那么一年后能得到多少对兔子？”

兔子的对数依次是 1、1、2、3、5、8 等，这就构成了著名的斐波那契数列。从第三项开始，每项都是前两项之和。所以 1 年后，总共有 144 对兔子。

《爱丽丝梦游仙境》的作者刘易斯·卡罗尔在他著名的悖论中用了斐波那契数列的 3 个连续数字，以 5、8、13 为例，我们都知道 $8\times8=5\times13-1$，而右图中的两幅图却显示 $64=65$。

图中的正方形和长方形似乎由完全一致的碎片拼成，因此他们的面积相同，由此得出 $8\times8=5\times13$！当然这是错误的，事实上两者之间的面积存在 1 平方的差异，但在右图中看不出来。数列组合 5、8、13 的特性同时也适用于数列中其他任意 3 个连续项。

向日葵的种子呈螺旋状排列。如果我们分别从两个方向数这些呈螺旋形状的种子，能从中发现斐波那契数列中两个连续数字：通常是 21 和 34 或 34 和 55，也有可能是 55 和 89。

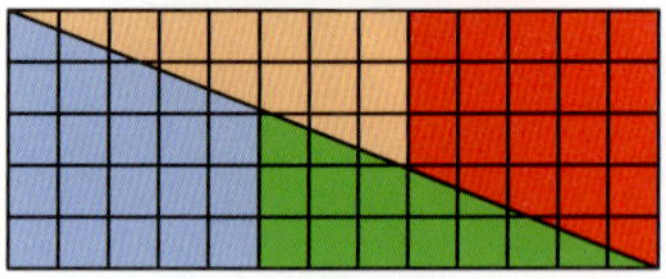
刘易斯·卡罗尔的拼图

另请参阅
黄金比例，第 164 页

教堂建筑师的几何学

维拉尔 · 德 · 奥纳库尔（Villard de Honnecourt）是一位建筑大师，来自庇卡第，曾为许多建筑工地工作。他留下了一本笔记本，里面保存了当时建造工艺的技巧和草图。技术知识通常蕴藏在神秘的图形后，譬如骑兵、人脸、动物的图像。其中大部分图像是为了帮助记忆，使人联想起各种各样的建造方法。草图帮助维拉尔记忆不同的几何构造，比如画垂线、用尺规画等边三角形。例如，右上图中两只交颈的火烈鸟启发我们如何用直尺和圆规画出六角玫瑰花形。

中世纪的人们由于没有量角器，因此只能借助刻度尺和圆规做大概的切分，但有时却能精确地将圆或半圆等分。右下图展示了将半圆长度大致分成 5 等份的方法。

直径 AB 被 C，D，E，F 四点分成 5 等份，以 B 为中心，经过点 A 的圆在点 K 与直径 AB 的垂线相交，该垂线与直径 AB 相交于点 O。从点 K 出发的四条直线分别经过点 C，D，E，F，落在半圆上形成点 C'，D'，E'，F'。

最早用来测量角度的工具——量角器，于 16 世纪末才问世。

沙特尔大教堂始建于 1145 年，1225 年完工。

教堂建筑上的复杂图案

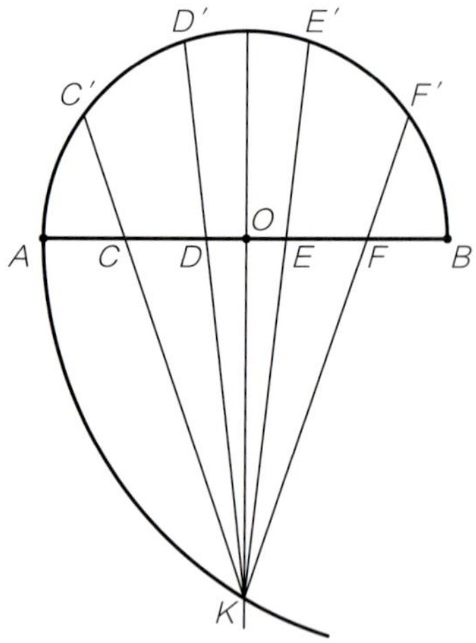

五等分半圆

另请参阅

网格绘画法，第 34 页
工匠们的几何，第 120 页
琉璃片艺术，第 126 页

知识链接

中国的算盘

13 世纪左右，在中国元朝，为了满足商人的需要，框架算盘逐渐取代算筹。最常见的是木制算盘，有 10 ~ 12 列，每列 7 个珠子。从右到左，每列单位不同，分别是十位、百位、千位等。在同一列上，最上面的 2 个珠子各值 5 个单位，下面的 5 个珠子各代表 1 个单位。

精通计算的人能在算盘上轻松进行四则基础运算：加、减、乘、除，甚至还能开方。

今天，很多亚洲国家还在使用算盘，例如，中国、泰国、日本、越南。在中国，10 ~ 12 岁年龄段的小算盘冠军能在不到 2 分钟内完成 20 道五位数除以三位数的运算。

算盘是一种非常有效的计算工具。

1000 年 深浅映景法
1300 年 “骑兵透视”
1436 年 直线透视

斜投影，或者“骑兵透视”

在没有维度的情况下，如何在图样或平面图上表现地势的高低起伏？古代的建筑师只需要就地作图即可。但是公元前 1 世纪左右，建筑师维特鲁威（Vitruve）在罗马就已经使用了两种正投影，第一种在水平面上，第二种在垂直面上。这两种投影大致对应今天的俯视图和剖面图。而整个中世纪，工匠们都是在修建中的建筑物的地上和墙壁上作图。

画家们各有神通。在中国，人们使用深浅映景法[①]，通过色彩渐弱和轮廓渐淡来表示空间深浅。斜投影于 13 世纪出现在欧洲，起初用来再现防御工事。在当时的词汇中，人们将“跨架”在围墙上的防御工事称为“骑兵”，因此这种投影法又被称为“骑兵透视”法（右图）。

使用这种方法作图时，只需将物体的平行直线直接绘于图样上，虽然这并不完全符合人类视觉。不过来自意大利特伦托的画家乔托（Giotto）、安布罗吉奥·洛伦泽蒂（Ambrogio Lorenzetti）都采用了这种透视法来作画。斜投影为“真透视”的形成奠定了基础。15 世纪，意大利建筑师和画家提出了“真透视”的规则。随着新技法的出现，斜投影在绘画中渐渐被摒弃，仅在建筑绘图、技术绘图和几何绘图中使用。

佛罗伦萨画家乔托（1266—1337）的这幅画便运用了“骑兵透视”法，实际的平行线在画上也用平行线表示。

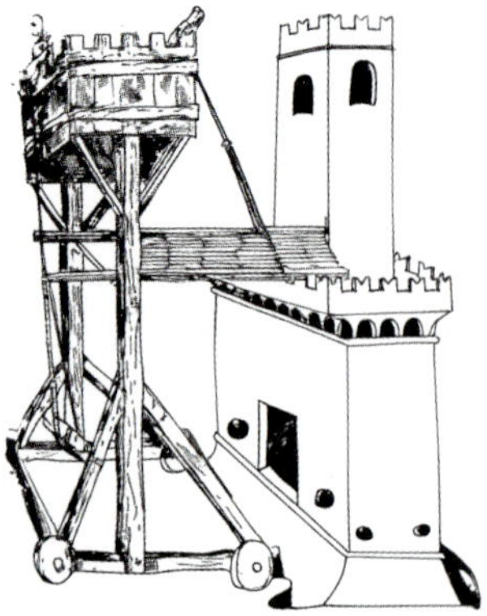

跨架在城墙上的“骑兵透视”法

另请参阅

▶ 网格绘画法，第 34 页
▶ 画家的透视法，第 158 页
▶ 阿尔伯蒂的“合理”建构，第 160 页

① 又叫“空气透视”，指绘画中用清晰度、色度来表现物体远近的技法。——译者注

1300 年前后 阿兹特克人

1325 年 阿兹特克算术

1521 年 阿兹特克人被西班牙征服

阿兹特克算术

阿兹特克人使用的书面语言叫纳瓦特尔语，现已失传。在神话传说中，掌管风暴的羽蛇神是日月之子，他为阿兹特克带来了文字与历法，并教人们种植玉米。

阿兹特克人的文字是一种象形文字，使用象形符号，也就是表示思想或声音的图画。为了组成新单词，他们通过字谜的方式把几幅图画拼在一起。例如，coatlán，是一个城市名，由单词 cóatl（蛇）和 tlan（牙齿）组成。

阿兹特克帝国通过征服他国而建国，因此，官员们需要保留账本来记录被征服的城邦缴纳的贡品。与玛雅人一样，阿兹特克人使用以 20 为基数的记数系统，一共有 4 个符号表示数字 1、20、400、8000（右上图），不包括 0。

阿兹特克人将这 4 种符号并列来表示具体数字，并根据需要重复多次。数字从不单独使用，而是与物体联系起来。例如，右下图的两个数字分别表示 20 个盾和 100 袋可可豆。

官员们通过丈量土地面积计算税收。他们在实践中只会运用矩形面积公式与直角三角形面积公式。对于更复杂的图形，他们通常先将其分解成近似的直角三角形来计算。

随着埃尔南·科尔特斯（Hernán Cortés）征服墨西哥以及皇帝蒙特祖玛二世（Moctezuma II）殁世，阿兹特克帝国于 1521 年覆灭。

太阳金字塔，墨西哥特奥蒂瓦坎。

1　20　400　8000

4 个阿兹特克数字

20 个盾　100 袋可可豆

与数字相连的计量对象

另请参阅
▶玛雅人的记数法，第 58 页
▶印加人的数字，第 132 页

知识链接

欧洲最早的大学

欧洲最早的一批大学几乎同时创立于 13 世纪，分别在博洛尼亚、巴黎、牛津、蒙彼利埃。当时的教学靠的是参考一些手抄本书籍中的内容，由于这些书籍为手抄本，因而数量极为稀少。学生需要掌握 7 门课程，共分两个学习阶段：分别是前三艺（*trivium*），包括语法、逻辑、修辞和后四艺（*quadrivium*）包括算术、几何、音乐、天文。

尽管托马斯 · 阿奎纳（Thomas d'Aquin）坚持信仰高于理性，但教堂接纳的亚里士多德哲学仍起了非常重要的作用。然而，从 14 世纪起，一些思想家开始质疑亚里士多德的某些观点。数学学习则要靠阅读塞维利亚数学家波埃修斯和伊西多尔主教的作品完成。天文学的研究始于英国修道士约翰内斯 · 德 · 萨克罗博斯科（Johannes de Sacrobosco）的《天球论》（*Traité de la sphère*），作者在书中阐述了托勒密的理论。

欧洲最古老的大学是意大利博洛尼亚大学，成立于 1088 年。

无穷多个数能相加吗？

大约 10 世纪，国际象棋由阿拉伯世界传入欧洲。它的发明者是一位名叫西萨（Sissa）的印度人，他要求自己的报酬是在棋盘第一格放一粒米，第二格放两粒米，第三格放四粒米，以此类推，每次都将前一次的数量翻倍。经过计算显示，棋盘最后一格中需要放 2^{63}，也就是 9223372036854775808 粒米，所有的米粒共计 $2^{64}-1$ 粒，即 18446744073709551615 粒，约为 $4 \cdot 10^{11}$ 吨。

$1+2+4+8+16+32+\cdots\cdots+n$ 的和构成了一个几何数列。在《几何原本》第九卷中，欧几里得展示了如何计算此类数列的前 n 项和。此后，这项研究一直被搁置。直到 14 世纪，英国和法国恢复了对几何数列的研究。尼科尔·奥雷姆（Nicole Oresme）从新的角度出发计算了 $\frac{1}{1}+\frac{1}{2}+\frac{1}{4}+\frac{1}{8}+\frac{1}{16}+\cdots\cdots+\frac{1}{n}$ 的和，他没有说明所采用的方法，而是指出该数列总和趋近于 2。这是数学史上第一次将无穷项的数字相加得到了最终结果。

14 世纪中叶，奥雷姆在《欧几里得几何问题》（*Questions sur la géométrie d'Euclide*）一书中研究了其他无穷数之和。他发现当项数无穷增长时，和也会趋向于无穷大。然而，这种增长很缓慢。数列中 1043 项以上的项数相加，总和才能超过 10。今天，借助电脑计算，人们发现 1000000 项的总和为 14.392726722864989。

17 世纪，数列研究逐渐成为数学中一个重要分支。

第一格放一粒米，随后每格都翻倍……

另请参阅

阿喀琉斯与乌龟赛跑，第 50 页
柯西与极限，第 274 页

弹道轨迹是什么样的？

13 世纪，自从大炮出现后，精确射击就成了主要需求。于是人们开始思考炮弹运行的具体轨迹是怎样的。人们首先应用了亚里士多德的观点来思考这一问题，把弹道轨迹分为两个阶段（右上图）。起初，在炮口处的剧烈推动下，炮弹沿着直线轨迹飞上天空。只要动力还在起作用，炮弹就会继续运动，动力消失，炮弹则停止运动，垂直落向地面。

很快，人们抛弃了亚里士多德有关运动的观点，转而采纳了让 · 布里丹（Jean Buridan）的观点。在布里丹看来，亚里士多德对炮弹运动的分析是错误的，因为火药爆炸后，即使引发运动的原因已经消失，炮弹仍会继续运动。布里丹认为，在发射的一瞬间，炮弹会受到一股冲力，他称其为“原动力”。然而，在运动过程中，原动力逐渐消耗直至消失，导致运动停止，物体掉落。

依据以上理念，人们认为射向天空的弹道轨迹由 3 个部分组成（右下图）：

- 受原动力影响，炮弹最初按照原初方向垂直升到天空；
- 原动力逐渐减弱，轨迹变成圆弧；
- 原动力彻底耗尽，炮弹做自由落体运动，垂直落到地面。

直到 17 世纪初，伽利略关于落体的研究成果问世后，才正确分析出了炮弹的运动轨迹。

火炮可以追溯到 1346 年英法之间爆发的克雷西战役。

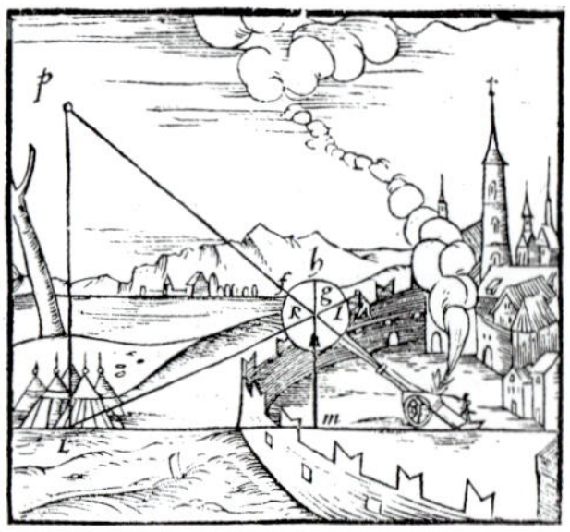

亚里士多德的弹道轨迹

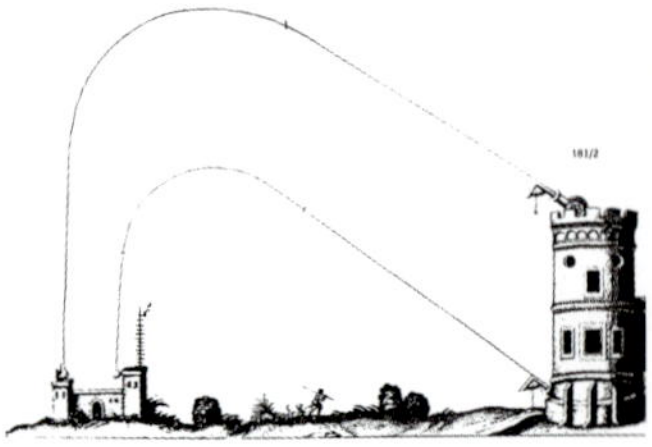

让 · 布里丹的弹道轨迹

另请参阅

圆锥曲线，第 56 页
知识链接：炮弹的轨迹，第 197 页
星际航行，第 322 页

1350 年 平均速度

1361 年 瞬时速度

1665 年 牛顿

平均速度与瞬时速度

司机在驾驶车辆时经常改变配速，因此时速表的指针也在不时变化。尽管平均速度（路程除以时间的商）的定义十分简单，但瞬时速度的定义反而没那么简单了。

英国数学家托马斯·布雷德沃丁（Thomas Bradwardine）于 14 世纪首次研究了瞬时速度这一概念。当时，他在牛津大学最古老的学院——默顿学院工作。布雷德沃丁批判了亚里士多德关于运动的设想，并提出了“默顿规则”（平均速度定理），即一个物体从静止开始进行匀加速运动，其经过的距离等于这个物体在同样时间内以最后速度的一半的均匀速度运动所经过的距离。

许多年后，尼古拉·奥雷姆（Nicole Oresme）于 1361 年利用图形延伸了布雷德沃丁的研究（右图）。他写道：“图形极大地帮助人们理解事物。”他认为在 0 到 t 时间，物体以匀速直线运动前进，速度从 0 到 v。尽管奥雷姆没有使用坐标轴，但他借助两个坐标，并分别称为“纵坐标”与“横坐标”，在图形上呈现了运动物体的速度随时间的变化过程。

该图中，$OA=t$，$AB=v$，C 是 AB 的中点。三角形 OAB 的面积等于 $\frac{OA \times AB}{2}=\frac{t \times v}{2}$，矩形 $OACD$ 面积为 $OA \times \frac{AB}{2}=t \times \frac{v}{2}$，两者面积相同。奥雷姆以此推断出，移动物体在 0 到 t 时间行驶的路程等于物体在 t 时内以 $\frac{v}{2}$ 的速度行驶的路程。由此，他提出并证明了默顿规则。

汽车上的时速表以千米每小时为单位，上面的指针显示了车辆每时每刻的速度。

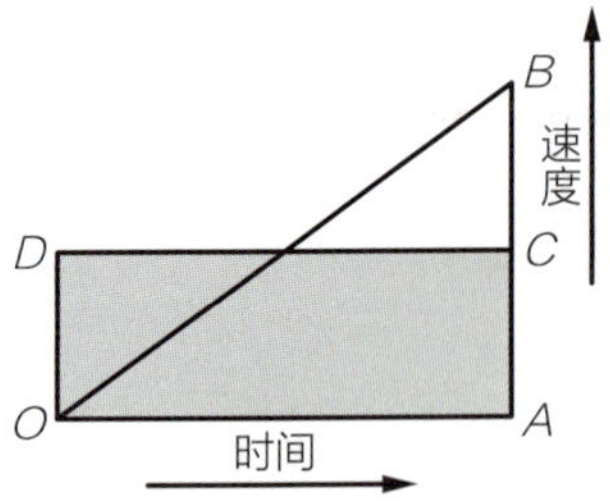

对“默顿规则”的研究

另请参阅

自由落体定律，第 190 页

解析几何的发明，第 202 页

牛顿的流数法，第 222 页

tr/min x100
km/h
239.8

公元前 100 年
古罗马算盘

1395 年
中国造纸术、阿拉伯数字均在法国应用

18 世纪
阿拉伯数字遍及所有计算

用纸还是用算盘?

虽然热尔贝曾尝试将阿拉伯数字和印度－阿拉伯十进制记数系统引入欧洲，但他对计算技巧的改革还是失败了，主要是因为没有书面计算与数字 0。尽管如此，阿拉伯数字的使用逐渐普及。右图展示了自热尔贝引进阿拉伯数字以来其写法的演变过程：第一行是热尔贝引进的“古戈尔”阿拉伯数字的写法，第二行是 12 世纪欧洲的阿拉伯数字的写法，第三行是 13 世纪的阿拉伯数字的写法。

阿拉伯算法类书籍的译本使人们逐渐了解了阿拉伯数字的运算规则。13 世纪末，从阿尔 · 花剌子米的拉丁名中衍生出“算法”一词，它开始跟“算盘”竞争，也就是用算板上的珠子计算的方式。“算法主义者”使用印度－阿拉伯数字，包括 0。法语单词“zéro”（0）和“chiffre”（数字）都源自阿拉伯语“sifr”，意为“空”。算法主义者通常在沙子上或纸上进行计算。

早在 8 世纪，阿拉伯人就从中国人那里学会了造纸。纸张的使用范围随着伊斯兰教的扩张不断变大，12 世纪初传到了安达卢西亚和意大利，13 世纪中叶传到了法国南部。这种材料载体给书面计算提供了便利，也方便保存计算过程。

下页的版画展示了这两种计算方式。算法主义者在左，算盘主义者在右。两者之间的争论历时许久才得以平息。路易十四统治下的法国学校仍然教授珠算，而不是在纸上计算。直到 18 世纪，算法主义者才获得全面胜利。

这幅版画出自 1503 年名为《玛格丽塔哲学》的收藏集。它显示了罗马算盘的支持者和阿拉伯数字支持者之间的竞争。

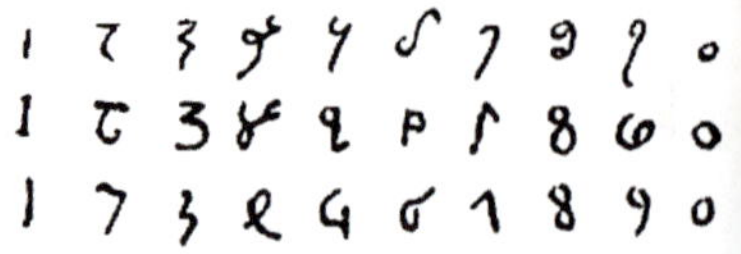

阿拉伯数字的演变

另请参阅
古罗马算盘，第 86 页
知识链接：教皇与阿拉伯数字，第 125 页
欧洲人采用十进制，第 178 页

TV PVS A·
RITH ME TICAE·
BOETIVS
RAS TAGO PV

小 结

罗马帝国衰亡后，科学知识在欧洲也几乎遭受了灭顶之灾，却在阿拉伯 - 伊斯兰世界得到了蓬勃发展。阿拉伯 - 伊斯兰学者对科学的贡献被忽视已久，他们所做的远不止翻译希腊、波斯和印度学者的科学论文，还吸收了印度人的数字系统和计算方法，并且很快就超越他们发明了十进制数字和分数。

不仅如此，他们最大的贡献是代数的发明。这种计算方式除文字以外，不使用任何其他符号，主要用于解决与遗产分配和分割有关的实际问题。

12 世纪以来，欧洲成功将阿拉伯学者的大部分知识化为己用，并且发现了一些伟大的希腊作家著作的译本。

古老的奥斯曼历法帮助人们识别天空中主要星座的位置。

画家的透视法或称线性透视法诞生于 15 世纪意大利的佛罗伦萨。透视法的发明对后来几何学的演变产生了重大影响。此外，还有两个发现彻底改变了代数以及人们对数字的认识：

- 人们第一次发现了如何求解三次方程和四次方程；
- 杰罗姆 · 卡丹（Jérôme Cardan）发明了虚数，他认为虚数只是简单的计算技巧，但不知道如何解释它们。

佛拉芒人西蒙 · 斯蒂文（Simon Stevin）向商人和工匠们展现了在实际计算中采用十进制的巨大优势。

在法国，弗朗索瓦 · 韦达（François Viète）在他的“新代数”中将字母引入方程。其中，元音字母表示未知量，辅音字母代表已知的常量。他还使用了一些特殊的符号表示运算符。

1436 年

1597 年

15、16 世纪
——文艺复兴

画家的透视法

14 世纪初，建筑师布鲁内莱斯基（Brunelleschi）和阿尔伯蒂（Alberti）在佛罗伦萨发明了“真正的”透视法，也称线性透视法。1436 年，阿尔伯蒂写道，画家的画作就像“一扇打开的窗，透过它人们可以看到要画的对象。”

画家从一个点 O 看向眼前半空间内的任意一点 M 时，对应画布上的点 M'（右上图）。而射线（OM）就好比点 M 到画家眼睛的一段“视觉射线”。从数学上讲，今天我们所说的线性透视法是中心点 O 在平面 P 上的投影。右下图展示了如何对水平面上的立方体应用透视法的规则。我们可以观察到，立方体的一些棱始终与画面平行，而另一些棱恰恰相反，它们会相交在视平线上，形成消失点 F_1 和 F_2。在立方体的正面，圆还是“真正的”圆，但立方体上面的圆却成了椭圆。

阿尔伯蒂的方法非常契合人的视觉系统，因此很快被欧洲的画家所接纳。此外，还要遵循两个重要特性：

- 与物体相距越远，在画作上的画像尺寸就越小；

- 当平行的直线不在与画布平行的平面上时，它们会表现为在水平线上的一个消失点汇聚的直线。

16 世纪初，画家阿尔布雷希特 · 丢勒（Albrecht Dürer）发明了透视仪。这款仪器上有一块透明的方格屏幕，可以通过缩小比例的方式来构造画面的透视图。

佛拉芒画家小亨德里克 · 范 · 斯滕威克（Hendrik van Steenwyck le Jeune）的油画作品，圣彼得堡冬宫博物馆藏。正如这幅画中的透视所示，阿尔伯蒂的方法很快在西欧流行起来。

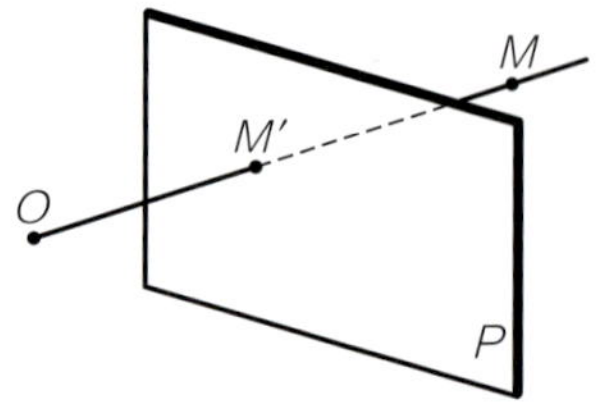

空间内的点与画布上对应的位置

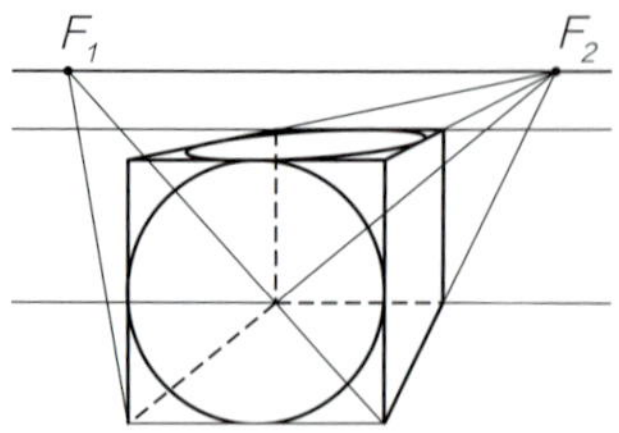

两点透视法

另请参阅
网格绘画法，第 34 页
斜投影，或者“骑兵透视”，第 140 页
阿尔伯蒂的“合理”建构，第 160 页

阿尔伯蒂的“合理”建构

无论是在意大利、荷兰，还是在法国，文艺复兴时期的图画作在呈现教堂或宫殿的内部结构时，铺有方砖的地面经常以透视法呈现。这些美丽的方砖地面在绘画中彰显了画家精湛的技法。

阿尔伯蒂在其绘画著作《论绘画》（*De Pictura*）中描述了如何用透视法画出方砖地面，并将这种构图法称为“透视建构”。

要了解这种方法，我们可以观察右上图所示的正方形 *ABCD*，其内部已被分成大小相同的小正方形。

网格由两组相互垂直的平行线组成，由于画面最终是垂直的，因此要遵循以下限制条件：

- 第一组线条在画面上显示为一组以线段（*AB*）为前景的平行水平线；
- 第二组线条相交并消失于水平线上一点；
- 随着距离增加，格子的尺寸会变小。

右下图展示了阿尔伯蒂提出的构图。

人们在基线上标出点 *A* 和点 *B*，并将线段 *AB* 等分；然后根据视点高度画一条与直线 *AB* 平行的水平线，并在上面找到主消失点 *F* 和远点 *O*；最后画出必要的直线来完成构图。

凡尔赛宫里大特里亚侬宫柱廊上的黑白棋盘格地板照片证实了阿尔伯蒂阐述的透视规则的正确性。

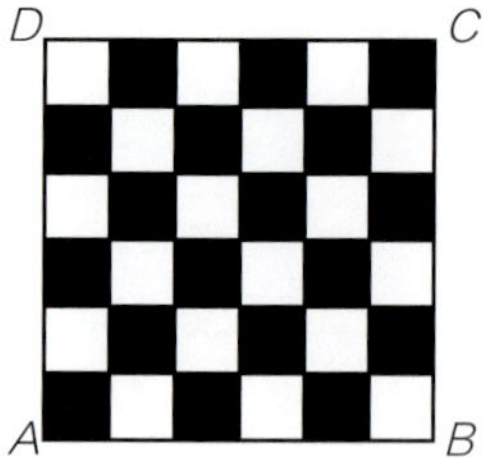

平面的棋盘格

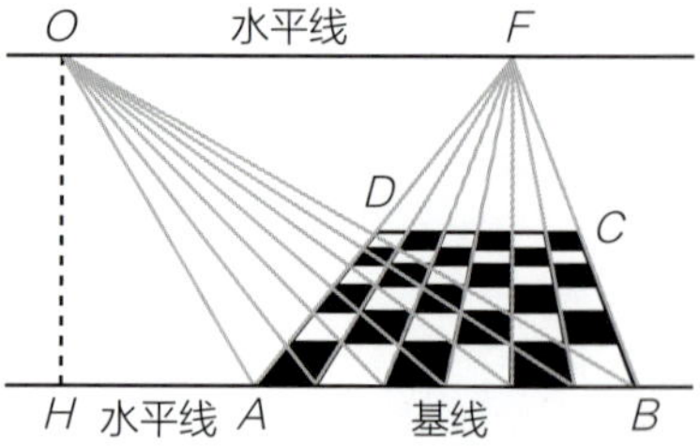

透视中的棋盘格

另请参阅
▶网格绘画法，第 34 页
▶斜投影，或者“骑兵透视”，第 140 页
▶画家的透视法，第 158 页

尼古拉 · 许凯的代数

15 世纪下半叶，欧洲的代数，即方程研究十分突出，尤其是在意大利和德国。然而在当时的法国，大部分数学书的读者还只是商人和银行家，因此尼古拉 · 许凯成了少数对数学感兴趣的人。1484 年，他出版了《算数三编》(*Triparty en la science des nombres*)，这本书后来被认为有双重的创新性。第二个创新性是因为不同于人们用拉丁语创作深奥书籍的习惯，他的著作是用法语写的。

在书的第一部分，尼古拉 · 许凯介绍了包括 0 在内的阿拉伯数字。四则运算的术语被确定为：加、减、乘和除。通常人们都用全称表示这些术语，有时也会用 $\overline{p}$ 和 $\overline{m}$ 这样的缩写来代替加法和减法。因此，$5+3$ 写作 $5\ \overline{p}\ 3$，而 $10-4$ 写作 $10\ \overline{m}\ 4$，这就和意大利人的写法一样，他们的加（plus）和减（moins）单词的首字母也是 *p* 和 *m*。我们目前所用的大数字如百万、十亿、万亿等，其写法也归功于他。

此外，他还扩展了数的概念。他引入了带分数，即由整数和分子小于分母的分数相加构成的数，如 $4+\frac{1}{2}$、$5+\frac{1}{4}$ 和 $9+\frac{1}{5}$，如今写作带分数 $4\frac{1}{2}$、$5\frac{1}{4}$ 和 $9\frac{1}{5}$。他也使用负数，不过却仅仅将其看作便于计算的方法而已。

尼古拉 · 许凯在《算数三编》的第二部分论述了平方根及其运算规则，引入符号 R 指代平方根。因此，$5-\sqrt{2}$ 写作 $5\ \overline{m}\ R^2.2$，而 $\sqrt{14-\sqrt{180}}$ 可写作 $R^2.14.\overline{m}\ R^2.180$。

第三部分为全书的最后一部分，是关于代数的内容。尼古拉 · 许凯介绍了一种书写方程的新方法。除了使用拉丁语写方程，他引入了一些符号，比如 $3x-1=5x+4$ 可写作 $3^1\ \overline{m}\ 1$ 等于 $5^1\ \overline{p}\ 4$，而 $x^2+5x=24$ 写作 $1^2\ \overline{p}\ 5^1$ 等于 24。

15 世纪，进行商业贸易需要复杂的计算。而今天，这些计算实现了自动化。

另请参阅
▶花剌子米发明代数，第 112 页
▶弗朗索瓦 · 韦达的新代数，第 182 页

US/EURO
Share Index
756.21$
96.87$
Currencies
British POUND
Czech KORUNA
Danish KRONE
European EURO
Hungarian FORINT
Norwegian KRONE
Polish ZLOTY
Russian RUBLE
Swedish KRONA
Swiss FRANC
20 Wk
High
Low
T/N
Return
MktVol.

黄金比例

修士卢卡·帕西奥利（Luca Pacioli）曾在佛罗伦萨、博洛尼亚和那不勒斯等多所意大利大学教授数学。他著作等身，其于1494年在威尼斯出版的《概述：算数、几何、比例和比率》（*Summa de arithmetica, geometria, de proportioni et de proportionalita*）一书中完整地回顾了当时的代数知识。他在另一本书中介绍了会计基础，如今这种记账法被称为“复式簿记”。1496年至1498年间，他于米兰写作《神圣的比例》（*De Divina proportione*），这是他最负盛名的一本书，书中论述了透视法和黄金比例在几何、绘画和建筑方面的应用。

帕西奥利和透视法的发明者莱昂·巴蒂斯塔·阿尔伯蒂（Leon Battista Alberti）是朋友，他们曾在罗马一起工作。他书中的插画出自另一位朋友之手——莱昂纳多·达·芬奇（Léonard de Vinci）。这本书介绍了著名的黄金矩形，即由6个相同的正方形构成的矩形。帕西奥利将数字 $\frac{\sqrt{5}+1}{2}$ 称作“神圣的比例”，也就是著名的黄金比例，其值约等于1.618。这个数字蕴藏在构成正五边形和正十边形的所有几何结构中。

有关黄金比例的美丽传说最早出现在19世纪的德国，并在20世纪再次流行。有人声称人类最美的艺术品都应以这一数字为基础。尽管20世纪的一些画家，如雅克·维庸（Jacques Villon）、莫里斯·丹尼（Maurice Denis）、罗伯特·德劳内（Robert Delaunay）和他的妻子索尼娅（Sonia），在创作时的确借助了黄金比例，但这个数字在艺术上发挥的作用并非像某些人所声称的那般。

索尼娅·德劳内（1885—1941）于1938年创作的《第三乐章》（*Rythme n° 3*），画家是黄金分割小组的成员。

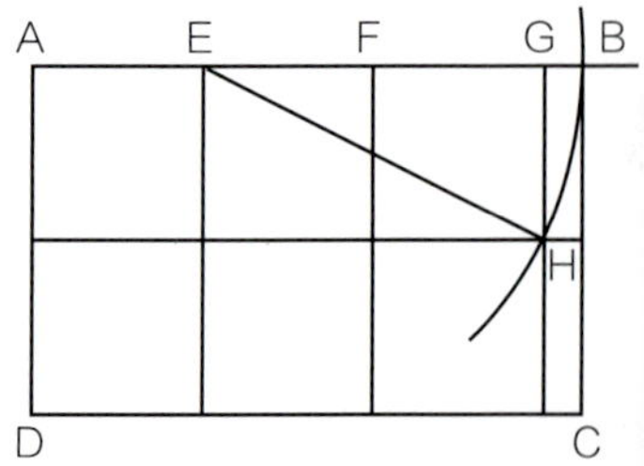

黄金矩形的构造，人们证明了

$$AB = AD \times \frac{\sqrt{5}+1}{2}$$

另请参阅
斐波那契数列，第134页

知识链接

印刷术的发明与发展

15 世纪，印刷机的发明引起了数学知识传播的巨大变革。约翰内斯 · 古腾堡发明了一种印刷速度相当快的印刷机。这种印刷机的原理是用由铅、锡和锑组成的合金制作活字。1455 年,《圣经》首次被印刷；1482 年，第一本数学书，欧几里得的《几何原本》在威尼斯被印刷。

很快，欧洲的各个大城市中都出现了印刷机。古腾堡首创的技术革新大大减少了生产书籍所需的时间和人力，从而降低了成本，使得书籍的广泛传播成为可能。

据估计，在古腾堡发明印刷机后，50 年内欧洲印刷的书就已达 2000 万册。

古腾堡在他的工作室里。19 世纪的版画。

等角航线还是大圆航线？

从 15 世纪到 16 世纪中叶，葡萄牙人在世界几乎各个海域开展的探险和贸易活动愈加频繁。葡萄牙数学家和地理学家佩德罗 · 努内斯（Pedro Nunes）深入研究了航海问题，早在热拉尔 · 墨卡托（Gérard Mercator）之前，他就提出了应该用直线表示航海图上的经线和纬线的原则。他指出，船只驶向海洋的所有路线中，有两条航线非常值得人们关注。

一条是大圆航线（l' orthodromie，希腊语中"ortho"的意思是直的，"dromos"的意思是路线）。它是所有路线中最短的路线，因为这条路线是球面（两点间）大圆的劣弧。不过大圆航线非常难走，它需要船只经常改变航向。

另一条是等角航线（la loxodromie，希腊语中"loxos"的意思是斜的，"dromos"的意思是路线）。这是最容易走的路线，因为它始终朝着一个既定的航向前进。船只所走的路线不是沿着地球的大圆弧线，而是一条螺旋弧线（右图）。

实际上，这两条海上航线的长度差别不大。例如，从合恩角到好望角，等角航线的长度为 3822 海里，而大圆航线是 3612 海里。

自从 1569 年墨卡托用平行线表示经纬线的航海图投入使用后，等角航线在图上便是一条与所经经线的交角一致的线段。

17 世纪末期以前，人们借助球面三角公式能够轻易算出大圆航线的里程，但却很难计算等角航线的里程。实际上，这是因为要用到 16 世纪时仍不为人知的积分进行计算。

如今，海上路程的各个参数已经交给海上全球定位系统（Global Positioning System，GPS）计算了。

从 1492 年克里斯托弗 · 哥伦布发现美洲新大陆开始，葡萄牙帆船纵横交错地穿越大西洋。

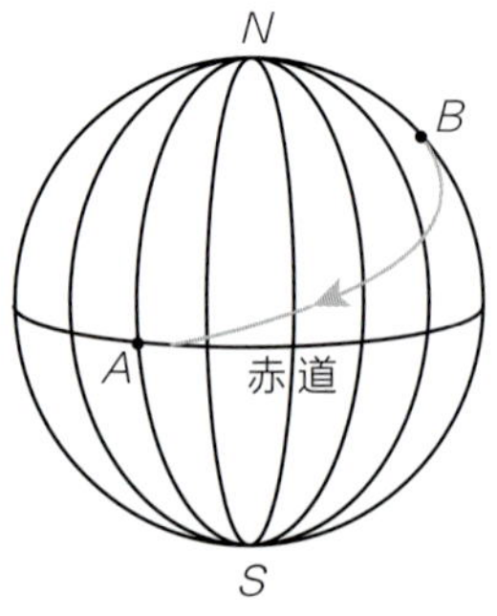

由 *A* 到 *B* 的等角航线

另请参阅

▶测量地球，第 68 页
▶球面几何学，第 94 页
▶克罗狄斯 · 托勒密的研究成果，第 96 页

哥白尼反驳托勒密

15 世纪，天文学的发展在停滞许久后再度活跃起来。德国数学家雷格蒙塔努斯（Regiomontanus）通过单位半径的圆，用现代方法定义了锐角的正弦。以 1 英寸①步长为依据，他构建了锐角的正弦表。他发现，自己的天文观测结果与托勒密的天文观测结果有时会存在明显差异。而 13 世纪以来，信仰基督教的欧洲人普遍接纳的是托勒密的观点。

后来，托勒密的地心说被尼古拉·哥白尼（Nicolas Copernic）推翻。这位波兰的天文学家、教士提出了以太阳为宇宙中心的日心说来代替地心说。与托勒密系统不同的是，哥白尼系统能准确建立各行星到太阳的距离梯度。

我们以金星（右图中点 V）为例，这个行星距太阳（右图中点 S）的距离比地球（右图中点 T）还近。无论是日出前不久位于东边的金星，还是日落后不久位于西边的金星，都能被观测到。当地金观测线（TV）与金星的轨道相切时，太阳、地球和金星构成的最大角度记作 $\widehat{STV}$，该角度的大小是 48°。通过简单的三角计算，可得出 $SV/ST=\sin 48°=0.7$，从而得到 $SV=0.7\times ST$。因此，金星到太阳的距离是地球到太阳的距离的 7/10。

1543 年，哥白尼逝世。同年，他的著作《天球运行论》（*De revolutionibus orbium cœlestium*）首次出版，其学说立即遭到了天主教会以及新教徒的反对，但在英国却获得了支持和发展。天文学家托马斯·迪格斯（Thomas Digges）甚至断言，在行星球体外的无限空间中散布着不计其数的恒星。1600 年，乔尔丹诺·布鲁诺（Giordano Bruno）因宣扬类似的学说，被烧死在罗马的广场上。

美国宇航局拍摄的金星照片。

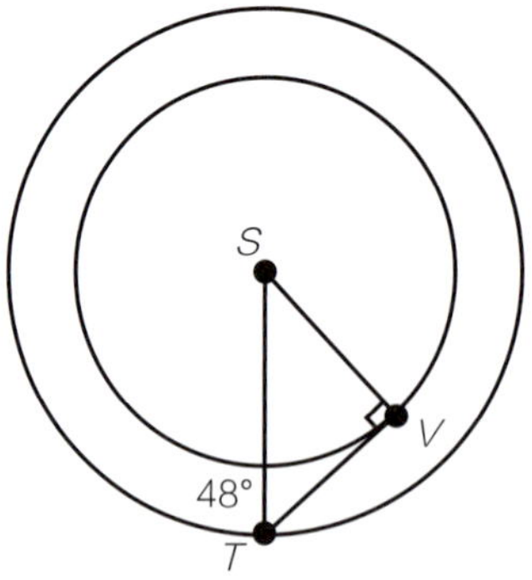

观测到太阳（S）、地球（T）和金星（V）的位置

另请参阅

三角学的创立，第 82 页
克罗狄斯·托勒密的研究成果，第 96 页
自由落体定律，第 190 页

① 1 英寸 =2.54 厘米

虚数的发明

传动轴是通过“卡丹万向节”连接变速箱，从而使驾驶人变换速度的装置。这个装置由意大利数学家杰罗姆·卡丹发明的“卡丹万向节”悬挂系统演变而来，它的发明本来是为了提高查理五世的四轮马车的舒适度。船上的“卡丹万向节”悬停系统可以避免罗盘受船舶运动影响。

和同时代的其他数学家一样，卡丹也在寻求三次方程的解法。1546年，他宣称自己成功获得解法并公布了他的研究成果。在研究中，卡丹大胆使用了负数的平方根，并将其称为“虚数”。在他看来，虽然这只是一种计算小技巧，但却十分有用，方程终于解开了！

1572年，拉斐尔·帮贝利（Raphaël Bombelli）发表了第一批新数字的运算规则。一个世纪后，笛卡尔肯定了“虚数”这一术语的使用，不过在很长一段时间内，大部分数学家都认为虚数并不是实数，对其用法也充满质疑。例如，18世纪的欧拉为了避免使用虚数，将$\sqrt{-15}$写作$i\sqrt{15}$，用字母i来代表$\sqrt{-1}$。直到19世纪中叶，爱尔兰人罗恩·哈密顿（Rowen Hamilton）才以极其严谨的方式定义了虚数是实数对。1和$\sqrt{-1}$的写法是实数对（1，0）和（0，1）的简写。哈密顿之后，虚数也被称为“复数”，它的集合被看作是实数集合的延伸。

19世纪末，物理学家用复数来研究电，但为避免i与电流混淆，他们选择用字母j表示$\sqrt{-1}$，数学家们仍然用i表示$\sqrt{-1}$。

船的导航罗盘通常安装在“卡丹万向节”上，以便在晃动中和俯仰间保持稳定。

另请参阅

▶奥马·海亚姆——诗人、数学家，第128页
▶两位倒霉的数学家，第280页

杰罗姆·卡丹的骰子游戏

早在帕斯卡和费马前一个世纪，杰罗姆·卡丹就开始了关于骰子游戏的研究。1560 年，他出版了一本名为《机会游戏之书》(*Liber de ludo aleæ*) 的小册子，里面记录了他的思考。

他先抛出了一个问题：若同时投掷 2 枚六面骰子，则出现不同组合的总数是多少？假如 2 枚骰子颜色不同，如一个红色，一个绿色，那么红色骰子显示数字为 4、绿色骰子显示数字为 3 与红色骰子显示数字为 3、绿色骰子显示数字为 4，这两个组合是不同的。于是卡丹问题的答案变简单了：共有 $6\times6=36$ 种可能的组合。如果是 3 个骰子，将有 $6\times6\times6=216$ 种组合。

随后，卡丹提出：若只投掷 2 枚骰子一次，那么出现点数为 4、5、6 任意一面的可能性是多少？答案就在旁边的右图里，叉号代表的是点数不是 4、5 或 6 的组合，即共有 9 种组合。剩余的 27 种可能的组合都至少有一个面的点数是 4、5 或 6。由此可知，至少有一个面的点数是 4、5 或 6 的几率是 $\frac{27}{36}$，即 $\frac{3}{4}$。

卡丹继续提问：连续投掷 2 枚六面骰子 3 次，点数为 4、5、6 任意一面的可能性根据以下方式推断：

- 2 枚骰子只投掷一次时，问题的答案是 $\frac{3}{4}$ 的几率。
- 因为 $\frac{3}{4}\times\frac{3}{4}\times\frac{3}{4}=\frac{27}{64}$，所以，答案是 $\frac{27}{64}$。

最后，卡丹算出同时投掷 3 枚骰子时，至少有一个面点数为 6 的几率。因为只投掷 1 枚骰子时，点数不是 6 的几率是 $\frac{5}{6}$，那么投掷 3 枚骰子时，任一面点数都不是 6 的几率将是 $\frac{5\times5\times5=125}{216}$，由此得出，至少有一面点数是 6 的几率是 $216-125=91$。

作为玩家，卡丹将其称为几率的计算，还没有开始使用“概率”一词。

骰子游戏最早可以追溯到罗马时代，但杰罗姆·卡丹是第一位试图计算摇出某点数组合概率的数学家。

	1	2	3	4	5	6
1	×	×	×			
2	×	×	×			
3	×	×	×			
4						
5						
7						

排除点数 1、2、3 的情况后剩下的可能性

另请参阅

▶ 托斯卡纳大公爵的悖论，第 192 页
▶ 概率计算的诞生，第 218 页

A M E
Caput Dra conis
HISPANIA MA IOR capta anno 1530
Lyra
Corona septentrionalis
Tropicus Cancri
Hispa nia noua
Caput Herculis
Caput Ophiuchi

知识链接

世界地图

16 世纪，随着美洲的发现，海上贸易明显增加。海洋航行的知识变得不可或缺，这也推动了地图学的发展。

1492 年，马丁 · 倍海姆（Martin Behaim）根据托勒密《地理学》（*Géographie*）中的数据，在纽伦堡制作出世界上第一个全手工绘制的地球仪，直径为 51 厘米。但这个地球仪再现的是克里斯托弗 · 哥伦布之前的世界。

1541 年，墨卡托制作的地球仪更符合我们所了解的地球。从 1569 年开始，他用 18 页的篇幅完成了第一版世界地图。为此，他将地球表面的点投射在一个与地球赤道相切的圆柱体上，并由此得到一张平面图，像地球一样呈球形，只是并不完全同实际相符。无论距离还是面积都无法精准还原，两极地区也比实际大得多。不过，经线和纬线仍用直线表示，角度也保持不变，因此航海者可以根据地图直接标注航向。

16 世纪，继马丁 · 倍海姆和热拉尔 · 墨卡托之后，人们制作了许多地球仪。

欧洲人采用十进制

1579 年，弗朗索瓦 · 韦达已经开始用十进制数并希望在数学运算中淘汰六十进制分数。不过，真正让欧洲数学家接纳十进制数的原因是佛拉芒人西蒙 · 斯蒂文的一本书。斯蒂文做过销售员、收银员、会计以及布鲁日港口的财务，最后成了莱顿大学的数学教师。

1585 年，他出版了一本 36 页的小册子，在欧洲学者中引起了巨大反响。这本书的书名是《论十进》（*De thiende*），在荷兰语中的意思是“十分之一”（le dixième），法语译为“La Disme”（十进算数）。在书中第一部分，斯蒂文将十进制数定义为整数和一些十进制分数的和。比如，在表示数 $43+\frac{5}{10}+\frac{7}{100}+\frac{6}{1000}$ 时，写作 43（0）5（1）7（2）6（3）。但这种记法比阿拉伯数学家阿尔 · 卡西的记法更复杂，他用竖线将整数部分和小数部分（也就是斯蒂文的十进制分数）分开，写作成 43 | 576。

随后，斯蒂文还演示了如何用十进制数进行四则运算。最后，在书的附录里，他为“占星家、土地测量员、挂毯测量员、立体测量师、货币管理师等所有生意人”展示了十进制数在必要的贸易计算中的简化写法。

斯蒂文十分清楚《十进算术》（*La Disme*）的局限性。例如，4 除以 3 的十进制写法可能有无限种。他写道：“这个商不能用整数表示，因为它无法将 3 整除。”

1620 年，约翰 · 纳皮尔（John Napier）提出了现今的写法来代替斯蒂文的记法。

十进制是我们日常生活的一个组成部分。

另请参阅

古罗马记数法，第 84 页
古罗马算盘，第 86 页
乌格利迪西采用十进制，第 118 页
用纸还是用算盘？第 152 页

PRODUCTE
CAQUI PERSIMON
ORIGEN
CATEGORIA
LLEVANT
1
VARIETAT
CALIBRE
PERSIMON
14
PVP 2,49 €/KG
PRODUCTE
RAIM BLANC IMPORTACIO
ORIGEN
CATEGORIA
SUDAFRICA
1
VARIETAT
CALIBRE
MUSCAT
L
PVP 3,49 €/KG
PERA CONFERENCIA
BELGICA
1
CONFERENCIA
1,79
POMA FUJI
IMPORTACIO
PVP 2,69€
/KG

法国国王的“破译员”

16 世纪下半叶，法国国王们的密码业务多起来。1576 年，数学家弗朗索瓦 · 韦达进入国王亨利三世的密码业务部门。1589 年，亨利四世登基后，韦达被任命为这位新国王的私人顾问，负责破解敌人的密码，并成功破译了西班牙人的密信。

巴莱斯 · 德 · 维吉尼亚（Balaise de Vigenère）曾作为外交官为路易三世服务，后来又成了密码业务部门的专家。1586 年，他出版了《密码论》（*Traité des Chiffres*），在书中描述了他的发明——加密密钥。这是此类加密方式的首次亮相，并且其破译难度极高。而维吉尼亚的加密原理就是用不同的间隔对原文的每个字母进行加密。

我们以 LUNE 作为密钥对文本 MESSAGE SECRET 进行加密，那么密钥就决定了待加密文本每个字母之间的间隔。

具体方法如下：

- 将字母表中的字母按 1 至 26 进行编号；

- 字母 L，U，N 和 E 分别对应的编号 12、21、14 和 5。根据规则将明码中的每个字母的编号加上 12、21、14 和 5，如果和超过 26，则减去 26。

- 这样修改后的字母编号所对应的字母就是加密后的文本。

M	E	S	S	A	G	E	S	E	C	R	E	T
13	5	19	18	1	7	5	19	5	3	18	5	20
12	21	14	5	12	21	14	5	12	21	14	5	12
25	26	7	23	13	2	19	24	17	24	6	10	6
Y	Z	G	W	M	B	S	X	Q	X	F	J	F

由此所得的加密信息是 YZGWMBSXQXFJF。我们可以看到同一个字母可能通过不同的方式加密。反之，明码中两个不同的字母加密后可能是同一个字母。因此，不同于凯撒的加密方式，这种加密方法可以很好地避免频率分析破译密码。直到 1854 年，这种加密方法才被查尔斯 · 巴贝奇（Charles Babbage）破解。

战争时期使用过的密码盘，可方便实现维吉尼亚加密。

另请参阅

▶ 波利比乌斯方阵，第 80 页
▶ 知识链接：凯撒密码，第 93 页
▶ 肯迪破解凯撒密码，第 116 页
▶ 格隆斯菲尔德的密码，第 242 页

A.J.M.
No.

弗朗索瓦 · 韦达的新代数

塔勒芒 · 德 · 雷奥（Tallement de Réaux）在其著作《轶事集》（*Historiettes*）中写道：亨利四世时期，有一位叫安德里安 · 范 · 罗门（Adriaan van Roomen，又写作 Adrianus Romanus）的荷兰数学学者在书中指名道姓地向欧洲所有数学家抛出了一个未解的命题。而在他提及的欧洲所有数学家中，唯独没有一位来自法国。不久之后，一位外国大使在枫丹白露拜会法国国王。国王兴致盎然地向他展示各式各样的奇珍异宝，并且介绍说法国各行各业都有非常优秀的人才。结果大使回答说："但是，陛下，你们没有数学家。安德里安 · 范 · 罗门的名册里没有提及任何一位法国数学家。"

国王反驳道："不对，不对。我有一个才子，去把韦达先生请过来。"

韦达先生当时在枫丹白露担任顾问一职，他来了。大使也已派人找来了安德里安 · 范 · 罗门的著作。韦达先生看了著作中的命题，从他们一行人所在的走廊窗户旁开始，还没等国王走出走廊，他就用铅笔写下了两种解法。到晚上时，他又向大使展示了更多的解法。

其实在此事传为美谈前，弗朗索瓦 · 韦达就已凭借其 1591 年出版的《分析方法入门》（*In artem analyticem isagoge*）一书闻名遐迩。这本书给代数带来了巨大变化，例如，用元音字母 A、E、I 等代替未知数，用辅音字母代替已知数。譬如方程式 $12+5x=20$，被他写作"12+5 in A=20"。他用"+"和"-"表示加号和减号，用横线代表除号，用缩写"in"表示乘号以及用大括号表示括号。而在此之前，人们还在用全称和拉丁词书写算式。

韦达的创新最终使代数语言的形式化成为可能。

另请参阅
花刺子米发明代数，第 112 页
尼古拉 · 许凯的代数，第 162 页

1660 年，对第谷 · 布拉赫的天文系统的描绘。这位丹麦天文学家认为，行星围绕太阳旋转，但太阳围绕地球旋转。韦达更喜欢这个学说而不是哥白尼的“日心说”。

开普勒多面体

1589 年，约翰内斯 · 开普勒（Johannes Kepler）进入蒂宾根大学学习神学，也跟随迈克尔 · 马埃斯特林（Michael Maestlin）学习数学、天文学和物理。

1597 年，正是在研究太阳系的结构期间，他写下了《宇宙的奥秘》（*Mysterium cosmographicum*）。之后他又发现了两个新的半正多面体类型：各棱长相同，侧面和底面是两种不同的正多边形，以同样的方式排列在各顶点周围。所有顶点都可分布于同一个球体上。

第一个类型为棱柱体，各个侧面均为正方形，上下两面完全等同，均为正多边形。右上图展示了一个底面为正六边形的开普勒棱柱。

第二个类型为反棱柱体，包括侧面为相同的等边三角形的半正多面体。它们的两个底面是相同的凸状正多边形，但其中一个底面相对于另一个底面旋转了一小部分。右下图展示了一个底面为正方形的开普勒反棱柱。

1609 年，开普勒在研究了几年丹麦天文学家第谷 · 布拉赫（Tycho Brahé）的观测结果后，提出了行星运动定律中的前两条：

- 各行星的轨迹不是圆，而是椭圆，太阳位于椭圆的一个焦点上。
- 各行星的运动是不同的，因为在相等的时间内，太阳和行星之间的连线扫过的面积是相等的。

直到 1619 年，他才将自己的第三条定律公之于众。

开普勒认为太阳位于世界的中心。他确信行星轨道嵌套在 5 个柏拉图多面体中。这幅画摘自《宇宙的奥秘》。

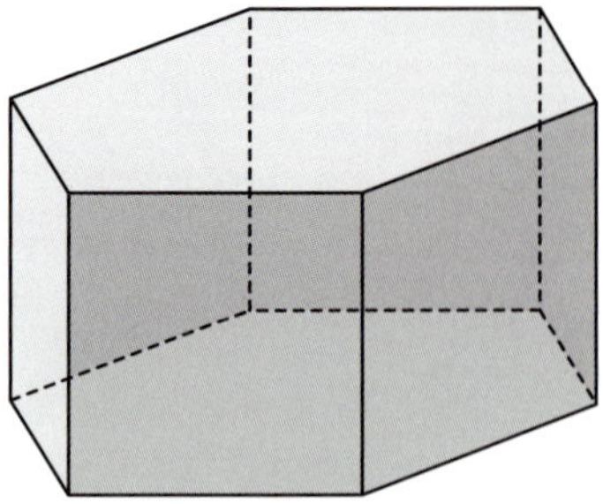

开普勒棱柱

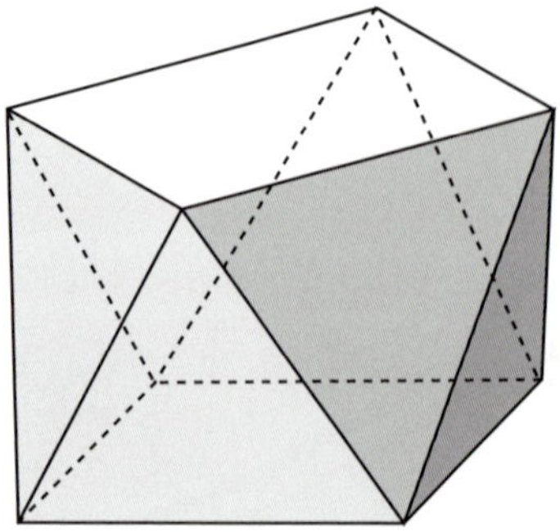

开普勒反棱柱

另请参阅
阿基米德多面体，第 70 页
开普勒第三定律，第 200 页
笛卡尔 – 欧拉公式，第 252 页

TABVLA III. ORBIVM PLANETARVM DIMENSIONES, ET DISTANTIAS PER QVINQVE REGVLARIA CORPORA GEOMETRICA EXHIBENS.

ILLVSTRISS°. PRINCIPI, AC DÑO, DÑO, FRIDERICO, DVCI WIRTENBERGICO, ET TECCIO, COMITI MONTIS BELGARVM, ETC. CONSECRATA.

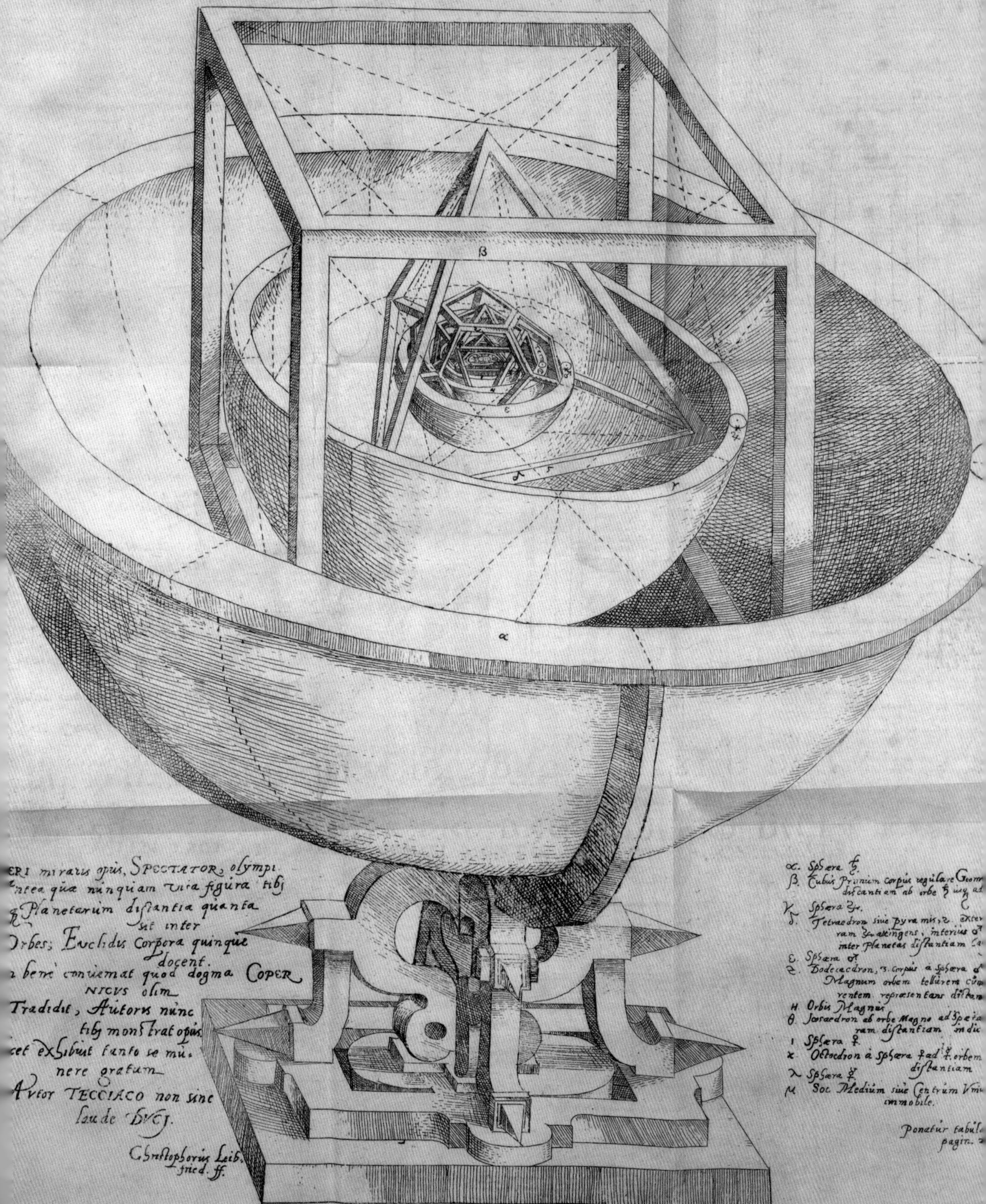

ERI miraris opus, SPECTATOR, olympi
...ntea quæ nunquam una figura tibi
...Planetarum distantia quanta
sit inter
Orbes; Euclidis Corpora quinque
docent.
... bene conueniat quod dogma COPER
NICVS olim
Tradidit, Autoris nunc
tibi monstrat opus.
...cet exhibuit tanto se mu-
nere gratum
Autor TECCIACO non sine
laude DVCI.

α. Sphæra ♄.
β. Cubus Primum corpus regulare Geom... distantiam ab orbe ♄ usq. ad ...
γ. Sphæra ♃.
δ. Tetraedron siue pyramis, 2. exter... ram ♃ attingens, interius ♂ ... inter Planetas distantiam ...
ε. Sphæra ♂.
ζ. Dodecaedron, 3. Corpus à Sphæra ♂ ... Magnum orbem tellurem cum... rentem repræsentans distan...
Η. Orbis Magnus.
θ. Icosaedron ab orbe Magno ad Sphæ... ram distantiam indic...
ι. Sphæra ♀.
κ. Octoedron à Sphæra ♀ ad ☿. orbem distantiam
λ. Sphæra ☿.
μ. Sol Medium siue Centrum Uni... immobile.

Ponatur tabule... pagin...

Christophorus Leibfried. ff.

Excudebat Tubingæ Georgius Gruppenbachius Ao. M. D. XCVII.

RRARVM ORBIS GEOGRAPHICA AC HYDROGRAPHIC
IGNIS
Septentrio
Circulus Arcticus
MAR
DEL
NORT
MARE
ATLAN
TICVM
OCEANVS
ÆTHIOPICVS
DEL
ZVR
PERVVI
Tropicus Capricorni
PACIFICVM
Fretum Magellanicum
Circulus Antarcticus
LIS
NCOGNITA
Meridies
AVS
AQVA

小　结

15 世纪中叶标志着数学活动在欧洲真正的复兴。

佛拉芒人西蒙·斯蒂文提出的十进制数和小数分数极大地简化了商业计算和财务计算。

在意大利，一些杰出的代数学家终于攻克了阿拉伯数学家们未能解决的难题，成功地解出了三次方程和四次方程。为此，他们发明了虚数，但直到 19 世纪，人们才弄清虚数的性质。

由于代数中只有文字和数字，因此人们用于计算的时间漫长而费力。而 16 世纪末期，弗朗索瓦·韦达率先在方程中使用了字母，促进了代数的发展。他提出用元音表示未知数，而用辅音表示已知的但不确定的数。他的“新代数”首次实现了代数式的形式化。

美洲的发现和海上新航线的开辟使得欧洲经济迅速繁荣，然而代价是罪恶的“黑三角贸易”[①] 盛行。

① 欧洲奴隶贩子从本国出发装载盐、布匹、朗姆酒等，到非洲换成奴隶，又到美洲换成糖、烟草和稻米等种植园产品以及金银和工业原料返航。由于从欧洲西部到非洲的几内亚湾附近，直至美洲西印度群岛，海上航线大致构成三角形，且被贩运的是黑人，因此被称为“黑三角贸易”。——译者注

17世纪上半叶，对数的发明使计算变得更快、更简单。

笛卡尔和费马通过创建基于坐标的解析几何，彻底改变了几何学的研究方法。他们通过用直线和曲线表现方程，将代数计算引入几何学。这使笛沙格（Girard Desargues）提出的射影几何在某种程度上黯然失色。

大约 1650 年，帕斯卡和费马为了解决终止骰子游戏的问题，第一次就概率计算展开论述。事实上，那时还未有“概率”一词，而说计算几率。

对微积分的研究几乎完全占据了 17 世纪下半叶。关于牛顿和莱布尼茨谁是“微积分之父”，至今争论不休。牛顿提出了流数法，而莱布尼茨则使用了微分法。但是，像函数和极限这类的基本概念还未有充分而明确的定义。

通过独立钻石棋和魔方等游戏，我们可以看到出色的数学家们并不排斥对益智游戏的研究。

1604 年

1697 年

17 世纪
——新黄金时代

自由落体定律

伽利略（1564—1642）一开始在家乡比萨学医，然而这门学科将亚里士多德的著作奉为不容置疑的真理，因此需要熟记于心。很快，这样的教学让他厌倦并最终使他转向数学和物理。1589 年，伽利略完成学业后留校任教，成了比萨大学的一位数学教师。1592 年，他在帕多瓦大学任教。大约 1597 年，他向亚里士多德的论点提出质疑，亚里士多德声称物体自由坠落的速度与其重量成正比。1654 年，《伽利略传》（*Récit historique de la vie de Galilée*）出版，书中记述了他的助理维维亚尼（Viviani）从 1639 年开始跟伽利略工作一直到伽利略逝世的过程，还记述了伽利略早已证明了亚里士多德论点是错误的。伽利略做了一个实验，他从比萨斜塔上向下扔下两个不同质量的物体，结果显示两个物体是同时落地，而且试验时间比传说更早。

大约 1602 年，伽利略试图用数学语言描述物体初速度为零时做自由落体运动时速度的变化。在研究中，由于自由坠落的速度太快，他使用较为缓慢的运动代替，也就是让铜球在一个倾斜的平面上滚动。起初，他假设铜球的速度会与出发点的距离成正比例增长。但在具体测量后，他发现这种假设是错的。

随后，伽利略假设速度与时间成正比。为了探讨这个问题，他在自己的手稿中引用了布拉德瓦丁（Bradwardine）和奥雷姆（Oresme）关于平均速度的研究成果。实验证明，第二个假设是成立的。1604 年，伽利略写道：“物体下落的距离等于时间的平方。”这是人类第一次将自然法则数学化。

根据伽利略的学生维维亚尼记述，伽利略著名的落体实验就发生在比萨斜塔。

另请参阅
平均速度与瞬时速度，第 150 页
开普勒第三定律，第 200 页
牛顿的流数法，第 222 页

托斯卡纳大公爵的悖论

托斯卡纳大公爵，美第奇家族的科西莫二世（Le grandduc de Toscane Cosme II de Médicis）注意到，当他同时投掷 3 个六面均匀平整的立方骰子时，得到点数之和为 10 的次数会略多于为 9 的次数。然后，他便将这一反常的发现开诚布公地与伽利略进行了交流，彼时的伽利略不仅是比萨大学最负盛名的哲学家，同时也是首席数学家。

10＝6＋3＋1＝6＋2＋2＝5＋4＋1＝5＋3＋2＝4＋4＋2＝4＋3＋3，所以摇出 10 的方式只有 6 种，同样地，由于 9＝6＋2＋1＝5＋3＋1＝5＋2＋2＝4＋4＋1＝4＋3＋2＝3＋3＋3，所以摇出 9 的方法也只有 6 种。因此在科西莫看来，摇出点数之和为 9 的次数应该和点数之和为 10 的次数是一样多的。

伽利略向大公爵解释道，他在推理时犯了一个错误。因为假设摇出 6＋3＋1 这一组合的方法并不止一种，而是有 6 种！要证实这点，只需要用不同颜色的骰子！假设 3 个骰子的颜色分别是红色、蓝色和绿色。旁边的表格就展示了掷出 6、3 和 1 得到点数为 10 的方法有 6 种（右图）。

考虑到骰子的颜色后，不难得出 3 枚骰子的可能组合共有 6×6×6＝216 种。其中，点数之和为 9 的组合有 25 种，而点数之和为 10 的组合有 27 种。因此，在 216 种组合中，得出 10 的次数有 27 次，而得出 9 的次数只有 25 次。

后来，伽利略写了一篇有关掷骰子游戏的小论文，题目为《关于骰子游戏的发现》。这是最早讨论这类主题的作品之一，不过直到 1718 年，这本小册子才出版。1654 年后，布莱兹·帕斯卡和皮埃尔·德·费马（Pierre de Fermat）才发明了概率计算。

在掷骰子游戏中，两颗骰子点数之和为 7 或 11 则为胜，点数之和是 2、3 或 12 则为输。点数之和为其他数字，玩家可重掷。

红色骰子	蓝色骰子	绿色骰子
6	3	1
6	1	3
3	6	1
1	6	3
1	3	6
3	1	6

3 个骰子扔出 6、3、1 的 6 种可能性

另请参阅

杰罗姆·卡丹的骰子游戏，第 174 页
概率计算的诞生，第 218 页
拉普拉斯概率论，第 270 页

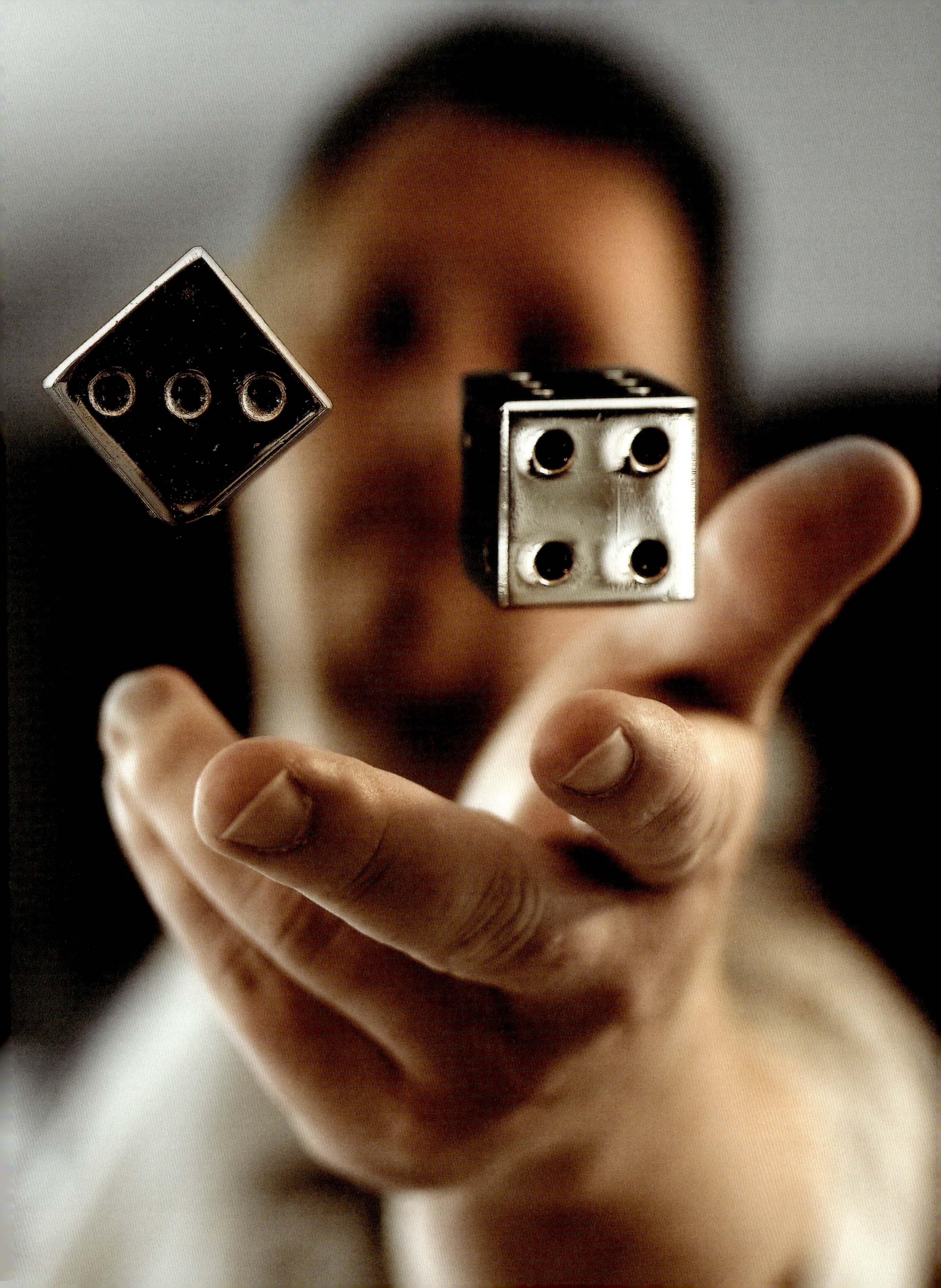

巴切特·德·梅济里亚克的那个令人愉悦的问题

关于丢番图（Diophante）的生平人们所知甚少，只知道公元前 1 世纪至 4 世纪期间他曾在亚历山大港生活过。不同于其他的希腊数学家，他的研究主要集中在算术而不是几何。在未使用符号象征的情况下，丢番图研究了含有多个未知数[①]的整数系数方程，如果只考虑自然数解或整数解，这类方程就叫作丢番图方程。这样的话，丢番图方程 $18u+30v=6$ 便有无数个解，其中一种可能性是 $u=2$ 和 $v=-1$。

他的研究成果深深地影响了阿拉伯数学家，后来又传入了欧洲。正是法国人克洛德－加斯帕尔·巴切特·德·梅济里亚克（Claude-Gaspard Bachet de Méziriac）译介了丢番图作品中的部分内容，这才使其为人所知。1612 年，德·梅济里亚克发表了自己的研究报告，题目为《有趣且让人愉悦的数学问题》，作品中包含了一组需要用丢番图方程解决的问题。

例如，题目 X："宴会上有 41 人，男人的数量等于女人和孩子的数量之和。所有人共花费 40 苏，每个男人花 4 苏，女人花 3 苏，孩子花 4 个但尼尔（1 苏 =12 个但尼尔），求男人、女人和孩子的数量。"

如果用 x 和 y 分别表示男人和女人的数量，那么人数可以用丢番图方程验证，即 $11x+8y=79$。由于 x 和 y 必须是小于 41 的整数，因此可以尝试将区间 [0，41] 内的可能值代入 x 和 y 来求得答案，最后得出 $x=5$ 和 $y=3$。但其他的许多整数虽然也是方程的解，却不是问题的解。德·梅济里亚克还写了一本题为《算术元素》（*Éléments arithmétiques*）的手稿。1621 年，他用拉丁语翻译并出版了丢番图的《算术》（*l'Arithmetica*）。

① 如今称为不定方程。——译者注

图中的这次宴会比巴切特·德·梅济里亚克问题中的宴会要热闹得多。《五官之味觉》(*Les cinq sens, le goût*)，亚伯拉罕·博斯(Abraham Bosse)绘，图尔美术博物馆藏。

知识链接

炮弹的轨迹

伽利略在研究并总结了物体在真空中坠落的规律后试图通过实验来确定导弹运动轨迹的性质。

他的实验是让一个离地面高度为 h 的小球在一个水平桌面的斜面上滚动，然后测量小球从发射到落地那段时间所经过的水平距离 d。

学者认为小球的运动是两个独立运动一起造成的结果：一种是匀速直线水平运动，一种是垂直运动，也是直线运动，但方向向下，而且是匀加速的。

1604 年，伽利略依据他关于落体的研究成果，根据 h 的变化用图像表现 d，从中推断出小球的轨迹是一条抛物线。

两个世纪前随着火炮诞生而出现了这样的问题，即炮弹轨迹的性质是怎样的？伽利略的实验对该问题给出了答案：如果忽视空气阻力，那么炮弹的轨迹是一条抛物线。

巴黎协和广场上的喷泉也呈现出抛物线的优雅弧线。

对数的发明

从 16 世纪开始，数学家就一直在寻找简化计算更有效的方法。1614 年，约翰 · 纳皮尔（John Napier）通过在几何级数和算术级数之间建立联系，得到了第一个解决方法。算术级数中两数之和（或差）可以通过几何级数中对应数字的乘积（或商）求出。纳皮尔（也称内皮尔，Néper）将算术级数中与几何级数中相对应的项称为“对数”（logarithmes）。这个词是希腊词 logos（比）和 arithmos（数）的缩写合并。

3 年后，亨利 · 布里格斯（Henry Brigges）发现了一个更优解法：如果 x 是一个严格意义上的正实数，那么总有一个实数 y，是它（以 10 为底）的常用对数，即 $x=10^y$。因此，$x=10^n$ 中的常用对数是自然数 n。如果 x 不是 10 的乘方，那么我们可以算出它的近似常用对数。由此可知，2 的常用对数等于 0.3010200056639812。随着常用对数的发明，乘法被加法取代，除法被减法取代。1617 年，第一个常用对数表出现。1622 年，英国人威廉 · 奥特雷德（William Oughtred）发明了常用对数的滑动计算尺和计算圆环。

1688 年，格雷瓜尔 · 德 · 圣樊尚（Grégoire de Saint-Vincent）关于双曲线方程 $y=\frac{1}{x}$ 的研究成果证明，任意严格意义上的正数 x 都有与它相对应的对数、常用对数或自然对数。18 世纪，欧拉用字母“e”来表示自然对数等于 1 的数字，并指出 $e=2.71828$……

对数表和滑动计算尺的应用一直持续到 20 世纪末期，随后便被计算机和科学计算器取代了。

电子计算器出现之前，科学技术类的计算都在计算尺上进行。

另请参阅

等角航线还是大圆航线？第 168 页
指数函数，第 248 页
人口增长问题，第 254 页

L
K
A
D
P
S
T
3π

开普勒第三定律

完成自由落体运动研究后，伽利略写道：“宇宙是由数学写就的伟大之书。”开普勒关于行星运动的研究成果证实了这位意大利科学家的说法。1619 年，开普勒重提哥白尼的研究成果，后者以太阳与地球之间的距离为单位长度，以此来比较每个行星到太阳的距离 a。而他想以地球的公转时间为单位来表示其他行星的公转时长 r。通过对比距离和公转时长，他发现对于太阳系中的每个行星而言，数字 $\frac{r^2}{a^3}$ 是一个常量。这个结果被称为开普勒第三定律。

开普勒随后验证了他的第三定律也适用于木星的 4 个卫星，只是适用的常数不同。因此，第三定律是普遍适用的！

开普勒认为行星之所以围绕太阳运动是因为有来自太阳的引力，因此他也成了牛顿的先驱。英国人威廉 · 吉尔伯特（William Gilbert）在磁学方面的著作启发了开普勒，他进而想到这种力是磁力。尽管这个假设是错误的，但依然是解释行星运动的第一次合理尝试。事实上，在开普勒之前，人们一直认为行星运动全靠天使推动。

如今，已知某个地球人造卫星的轨道半径，利用开普勒第三定律就能轻松算出它的公转周期（下表）。

六大行星与太阳的距离及公转周期

行星名称	与太阳的距离 a（千米）	公转周期 r（年）	r^2/a^3
水星	0.39	0.24	0.971
金星	0.72	0.62	1.03
地球	1	1	1
火星	1.52	1.89	1.017
木星	5.20	11.90	1.007
土星	9.53	29.46	1.003

绕地球运行的人造卫星也遵循开普勒第三定律。

另请参阅
- 圆锥曲线，第 56 页
- 克罗狄斯 · 托勒密的研究成果，第 96 页
- 哥白尼反驳托勒密，第 170 页
- 星际航行，第 322 页

解析几何的发明

1633 年，笛卡尔住在荷兰，在那里他完成了已经写了 4 年的著作《论世界和光明》（*Traité du monde et de la lumière*）。他本打算重读哥白尼的论文然后阐述自己有关太阳系起源的思考，但得知教会对伽利略的判决后，他放弃了出版这本书的想法。不过，1637 年他还是出版了自己的序言，并迅速出版了著名的《方法论》（*Discours de la méthode*）。随后，也相继发表了《几何学》（*Géométrie*）、《屈光学》（*Dioptrique*）和《气象学》（*Météores*）另外 3 篇论文。

在《几何学》中，笛卡尔尝试将代数计算和坐标系相结合来解决几何问题，并成功用这种方法解决了 4 世纪时希腊几何学者亚历山大的帕普斯（Pappus）留下的难题。不同于韦达之前的做法，他用字母 a，b，c，d 等表示定量，然后用字母 x，y，z 表示变量。通过 x，y 两个坐标来表示一条曲线上的一个动点 M，他指出通过 x 与 y 之间的关系就验证了曲线方程。

通过毕达哥拉斯定理，我们可以论证出圆心为 O、半径为 R 的圆上的一动点 M 的坐标与 x，y 之间的代数关系是 $x^2+y^2=R^2$。这个等式就是圆的方程（右图）。然而，笛卡尔的局限在于太过关注代数方程，而忽视了关于“力学”曲线领域的研究，如阿基米德螺线。

1636 年，皮埃尔·德·费马便通过坐标法独立解决了几何位置的问题，不过他的标记法比韦达的烦琐得多。

对这种新方法的运用在 17 世纪下半叶取得了大量的研究成果，例如，曲线的切线方程、弧线的长度计算等。解析几何诞生了！

瑞典女王克里斯蒂娜（中间）与笛卡尔（右二）谈论几何学。马林·梅森（Marin Mersenne）神父站在笛卡尔身后。《斯德哥尔摩》（*Stockholm*），皮埃尔·路易·杜梅尼尔（Pierre Louis Dumesnil）创作于 1650 年，凡尔赛宫藏。

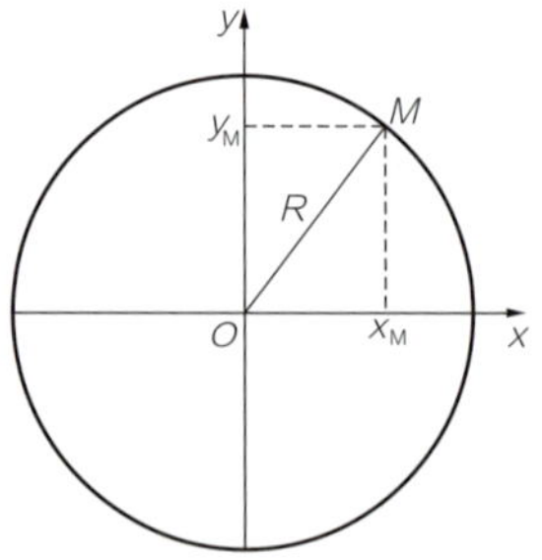

带有坐标轴的解析几何及其验证法

另请参阅
平均速度与瞬时速度，第 150 页
射影几何的发明，第 206 页
蒙日提出画法几何，第 260 页

知识链接

微积分的发明

笛卡尔表示函数的新方法很快引出两个问题：

- 已知一条平面曲线的几何定义，如何写出这条曲线的方程？
- 反之，有方程定义的曲线的几何属性是什么？

另外两个更重要的问题同样困扰着当时最优秀的数学家：

- 如果一条曲线有切线，那么如何用方程“矫正”曲线，从而计算弧长？
- 如何用曲线方程求面积？也就是计算以 x 轴、曲线弧和过圆弧一端的 y 轴平行线为边界区域内的面积。

第一个问题推动牛顿和莱布尼茨发明了微分运算和导数的概念；第二个问题则引导他们创建了积分运算。

由于研究对象是被切分后无限小的量，因此这种新的计算方法被称为微积分。

杰斐逊国家扩张纪念公园的拱门由芬兰裔美国建筑师埃罗·沙里宁（Eero Saarinen）设计，于 1963 年至 1965 年间在密苏里州的圣路易斯市建造。拱门形状为一条倒悬链线，该曲线方程由莱布尼茨等人发现。

1436 年
直线透视

1639 年
吉拉尔 · 笛沙格

1841 年
帕斯卡定理得到推广

射影几何的发明

阿尔伯蒂在作品《论绘画》中思索了“同一图形的两种不同透视图有哪些共同的几何特性？”

里昂的建筑家吉拉尔 · 笛沙格解答了这个问题。由于线性透视是中心投影，所以线性透视只需保留直线的共线性和共点性，直线映射依旧是直线，平面映射依旧是平面。不过线性透视法与几何中其他常见的变换不同的是，既不保留距离，也不保留距离间的比率。点和线向远处无限延伸，那么平行线最终会在无限远处相交。笛沙格认为，圆锥曲线是一个圆锥底面在切割平面上的投影。这使他利用投影将圆的某些性质转移到椭圆、抛物线和双曲线等不同圆锥曲线之上。

1639 年，笛沙格在巴黎发表了题为《草稿》(*Brouillon project*)的研究成果，但是相比笛卡尔和费马的解析几何，他的观点并没有引起什么反响。一个名叫亚伯拉罕 · 博斯的雕刻师在巴黎参加了笛沙格为石匠、木匠和雕刻师开设的透视学课程，并随后传播了他的观点。

与笛沙格同时代的人中，只有布莱兹 · 帕斯卡对射影几何产生了兴趣。16 岁时，他写了一篇关于圆锥的论文，其中引用了笛沙格的观点。他在文中指出 5 个点就可以确定一条圆锥曲线。如今，几何绘图软件仍然应用这种方法根据 5 个点绘制圆锥曲线（右图）。然而在帕斯卡后，射影几何被遗落沧海，直至 19 世纪才重新焕发光彩。

笛沙格曾向石匠、木匠和雕刻师传授几何和透视知识。这一经历对发展他的射影几何十分有帮助。

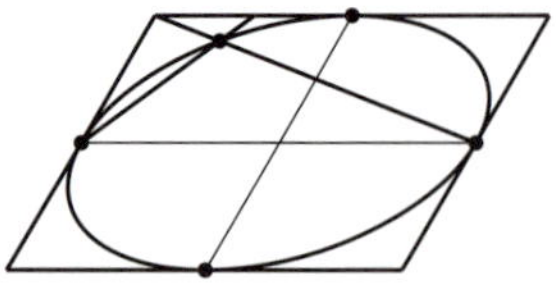
利用 5 个点确定圆锥曲线的射影几何

另请参阅
欧几里得与空间，第 64 页
画家的透视法，第 158 页

第一台计算器

1639 年，艾蒂安 · 帕斯卡（Étienne Pascal）时任诺曼底大区的税务官，这就需要他进行大量计算。当时的人们要么在纸上进行计算，要么用算筹在计算台上计算。税务计算总是非常复杂，因为不同货币单位之间要进行转换，例如，1 里弗尔等于 20 索尔，1 索尔等于 12 但尼尔。重量与长度单位的换算也同样很难。他的儿子布莱兹（Blaise），当时年仅 19 岁，为了减轻父亲的工作负担，开始设计计算器，这是一台可以运行两位数的加减运算的机械计算器，且能够自动进位。一台特制的计算器甚至能实现串行式进位。

这台被称作“帕斯卡林”（Pascaline）的机器通过齿轮和链轮传动结构运转。经过 3 年的开发和大量的试样，待机器完工后，帕斯卡向世人展示了它。他一共制作了 20 多个样品，但由于它的价格太过昂贵，因此只获得了“口头上”的成功。不过路易十四授予了帕斯卡一项皇家特权，即在法国生产计算器的专属权。

如今，大部分“帕斯卡林”计算器都已失传，只余 8 台存放在不同的博物馆。法国保留了许多样品，目前存放在巴黎工艺美术博物馆以及克莱蒙费朗的博物馆。

“帕斯卡林”的出现标志着欧洲机械计算发展的开始。1617 年，莱布尼茨（Leibniz）发明了一台能够进行乘除运算的机器。1820 年，托马斯 · 德 · 科尔马（Thomas de Colmar）从帕斯卡和莱布尼茨的计算器中受到启发，设计了“四则计算器”，成为世界上第一台在市场上流通的计算机。

另请参阅
▶ 查尔斯 · 巴贝奇的计算机，第 273 页
▶ ENIAC——世界上第一台电子计算机，第 326 页

存放在巴黎工艺美术博物馆的帕斯卡林（滚轮式计算器），上盖背面有帕斯卡 1652 年的签名。

公元前 550 年 1643 年 1995 年

毕达哥拉斯定理 皮埃尔 · 德 · 费马 安德鲁 · 怀尔斯

算术的复兴

RSA 算法[①]是一种广泛使用的算法，用于保护那些需要在互联网上传播的机密数据。

为了保证加密信息在实践中不被破解，这一系统使用两大质数 p 和 q 乘积作为密钥。尽管这是一个众所周知的公钥，但因为这个数字超过 300 位数，且即使电脑也很难对其进行因式分解，因此，只能用私钥才能破解这种密钥加密的信息。

17 世纪，手算分解整数几乎和现在一样困难。例如，1643 年，梅森（Mersenne）向同时代的数学家发起分解数字 100895598169 的挑战。图卢兹议会的议员皮埃尔 · 德 · 费马接受了这个挑战。他先论证了任意非 1 的奇数都可以写成两个平方数的差，比如，$21=25-4=5^2-2^2$，$119=144-25=12^2-5^2$。当 $x>y$ 时，因为 $x^2-y^2=(x+y)(x-y)$，由此即可推导出因式分解。在梅森的问题上，费马采取同样的方式得到了 $100895598169=898423\times112303$。

费马在算术方面进行了大量的研究，以二平方和定理为例：存在这样一个素数，它表示为两个平方数之和的充分必要条件是该质数满足欧几里得除法除 4 余 1，例如，$17=1^2+4^2$ 或 $97=9^2+4^2$，但不能是 31，因为 $31=4\times7+3$。

但费马最著名的成就无疑是他的“最后的定理”。在丢番图《算术》译本的页边，费马肯定了 $n>2$ 的情况下，等式 $x^n+y^n=z^n$ 无解。他写道：“我已经发现了一种非常精彩的论证，但页边太窄写不下。”费马这一猜想直到 20 世纪才被证明。

费马和笛卡尔以不同的方式解释了光的折射现象。费马认为光线经过的路径用时最短。

另请参阅

- 算术学科的诞生，第 46 页
- 欧几里得与算术，第 62 页
- 巴切特 · 德 · 梅济里亚克的那个令人愉悦的问题，第 194 页
- 数论的繁荣，第 250 页
- 费马 – 怀尔斯定理，第 342 页

① RSA 是由罗纳德 · 李维斯特（Ron Rivest）、阿迪 · 萨莫尔（Adi Shamir）和伦纳德 · 阿德曼（Leonard Adleman）在 1977 年一起提出的。RSA 就是他们三人姓氏开头字母拼在一起组成的。——编者注

1603年 江户时代与毛利重能

1650年 “算额”开始在日本出现

1680年 关孝和

日本的“算额”

公元前6世纪，日本建国并深受中国影响。日本文人在书写上采用汉字。此外，在记数和计算方面，他们使用的也是中国的记数体系和算筹。从12世纪起，日本建立了封建制度，由天皇统治，但天皇并不参政。武士阶层负责处理政治和行政事务，优秀的武士们接受幕府或大将军的领导。

1543年，欧洲人为日本带去了最新的科学技术知识。不过，由于耶稣会传教士试图传播天主教，日本在1603年至1854年禁止外国人进入日本，除了中国人和荷兰人。自1603年江户时代开始，像毛利重能（Mori Shigeyoshi）这样的武士积极向中国学习数学，并撰写相关著作。就在这段时期，日本的神道教寺庙和宗教神堂也繁荣起来。此外，宗教神堂的祭祀品非常特殊，它们都是些几何问题！

算额（Sangaku）是指刻有题目和解法的彩绘木板，上面画着五彩斑斓的色块。人们从中发现并流传的问题足有上千个，问题的难度各不相同，有些很简单，有些则非常难，其中大部分题目都和圆有关。

我们能从右边的算额上看到一个红色的圆、一个紫色的圆和一个黄色的圆，并且黄色的圆同时与另外两圆的外侧相切，且三个圆都相切于同一条直线。如果用 R_1，R_2 和 R_3 分别表示红圆、蓝圆和黄圆的半径，算额的问题就是找到这三个圆的关系。

日本的鸟居是形似门的建筑，代表神道教寺庙周围神域的入口。

一种算额

R_1，R_2，R_3 之间的关系为

$$\frac{1}{\sqrt{R_3}}=\frac{1}{\sqrt{R_2}}+\frac{1}{\sqrt{R_1}}$$

另请参阅

欧几里得——几何学的奠基人，第60页

知识链接

武士和计算

关孝和（Seki Takakazu）曾是一名武士，也是数学学者毛利重能的学生。他对算额的兴趣把他吸引到数学领域。17 世纪末期，他在数学方面取得了非常重要的成果，大约同一时期欧洲的数学家们也取得了相同的研究结果，而此时日本和西方已经隔绝了数十年。例如，关孝和对线性方程组的解法非常感兴趣，而且他的解法与牛顿的方法非常相似，尽管他当时并没有导数的概念。依据自己的方法，他成功地算出精确到小数点后十位的 π 值。而这种方法直到 1926 年才被新西兰人亚历山大·艾克肯（Alexander Aitken）发现。

关孝和的学生竹部片弘（Takebe Katahiro）和他一样出身于武士家庭，不同的是他用日文写作，而他的老师关孝和的作品则是用中文写作。此外，他的两个兄弟也都是武士，他们一起建立了三角函数表，而且共同完成了一套 20 多卷的数学著作。

江户时代的版画，歌川国芳（Utagawa Kuniyoshi）制作，梅德斯通美术博物馆藏，英国。

帕斯卡的算术三角形

布莱兹 · 帕斯卡在 1654 年出版的《算术三角论》(*Traité du triangle arithmétique*)中解释了算术三角形的构成和用处。假设用 $N(L, C)$ 表示位于 L 行和 C 列交点上的整数，那么 N 在非 1 的情况下满足 $N(L,C)=N(L-1,C)+N(L-1,C-1)$。

算术三角形能够解决组合数学中的基本问题。例如，如果我们想知道从 6 个字母中随机选取 4 个能组成多少个单词，答案就是位于第六行和第四列交点的数字：20。一般来说，算术三角形中的数字表示当我们从 n 个元素中选择 p 个时，可以有多少种可能的组合。数字 p 是从列中选择，而数字 n 则从行中选择，我们会发现第 n 行各项之和等于 2^{n-1}（右图）。

事实上，算术三角形并未以帕斯卡这个发明者命名，这是因为在他之前的几个世纪里，算术三角形在中国和阿拉伯 - 伊斯兰世界早已为人所知并被使用。在欧洲，尽管迈克尔 · 斯蒂费尔（Michael Stifel）、塔尔塔利亚（Tartaglia）和弗朗索瓦 · 韦达（François Viète）都用过算术三角形，但帕斯卡是证明算术三角形主要性质的第一人。

借助帕斯卡的算术三角形，我们能轻松展开表达式 $(a+b)^n$，因为表中第 n 行的数字就是表达式展开后的系数。例如，当 $n=3$ 时，根据第 3 行即可写出 $(a+b)^3=1a^3+3a^2b+3ab^2+1b^3$。这个公式如今被称为二项式定理。阿拉伯和中国的数学家分别在 10 世纪和在 13 世纪应用过这个等式。1665 年，牛顿将其普及。

乔治 · 德 · 拉图尔（Georges de La Tour）的《骰子玩家》，普雷斯顿霍尔博物馆藏，蒂斯河畔斯托克顿，英国。

L 行与 C 列交点对应数字记作 $\binom{L}{C}$

	1	2	3	4	5	6	7	8	9
0	1								
1	1	1							
2	1	2	1						
3	1	3	3	1					
4	1	4	6	4	1				
5	1	5	10	10	5	1			
6	1	6	15	20	15	6	1		
7	1	7	21	35	35	21	7	1	
8	1	8	28	56	70	56	28	8	1

n 为 8 的算术三角形

另请参阅

▶ 组合分析的发明，第 122 页
▶ 二项式定理，第 240 页

概率计算的诞生

数学的新学科在帕斯卡、费马和惠更斯的著作基础上诞生了，人们因此能够“计算几率”了，这归功于前人博弈游戏及对其中概率的思考。

梅雷骑士（chevalier de Méré）热衷于博弈游戏，尤其是骰子游戏。在他看来，连续投 4 次骰子来赌一个 6 时，很容易赢钱。的确如此。但是，他因此推断 2 枚骰子连掷 24 次来赌 2 个 6 依然赢面大时，这次他却错了。

他的推理如下：投 1 枚骰子有 6 种可能性，投 2 枚骰子就是原来的 6 倍，即 36 种可能性。既然 1 枚骰子连掷 4 次出现一个 6 概率较大，那么 2 枚骰子连掷 24 次赌至少 2 个 6 的出现一定有赢面，因为 $24=6\times4$。可惜的是，概率的规则比骑士想象的更加复杂。帕斯卡为其算出了真正的概率：只有 49.1% 的机会赢得赌注。1654 年，帕斯卡在寄给费马的信中写道：“梅雷骑士非常聪明，但他不是一个优秀的数学家。”

1651 年，梅雷骑士向帕斯卡提出了一个新问题：不久前进行的一场比赛中，两位玩家各压了 32 枚硬币（比斯托尔），其中一位玩家只需再投一次好的点数就赢了，而他的对手则需要两次。那么就此终止这盘游戏的话，他们应如何分配这 64 枚硬币呢？

帕斯卡想了两年，然后向费马提出了这个问题。他们通了几封信后得出了结论：应该根据两位玩家分别获胜的概率按比例分配：64 枚硬币（比斯托尔）中的 $\frac{2}{3}$ 归骑士所有，余下的 $\frac{1}{3}$ 属于对手。这次通信后，帕斯卡和费马继续有关“随机几何”的研究，这便是概率论的起点。1655 年，克里斯蒂安·惠更斯（Christian Huygens）在巴黎旅行期间了解到这些研究成果后，于 1657 年写下了第一篇关于概率计算的论文。

另请参阅

杰罗姆·卡丹的骰子游戏，第 174 页
托斯卡纳大公爵的悖论，第 192 页
拉普拉斯概率论，第 270 页
马尔可夫链，第 316 页

极坐标和对数螺线

由横轴 x 和纵轴 y 形成的坐标系也能帮助我们确定平面上点 M 的坐标。根据点 M 与点 O 之间的距离 $OM=r$，以及 OM 与极坐标轴构成的夹角 $xOM=\alpha$（右上图），点 M 的位置就被确定了。

1650 年左右，格雷瓜尔 · 德 · 圣樊尚、布莱兹 · 帕斯卡和艾萨克 · 牛顿等几位数学家引进了坐标系，目的是构建和研究各种各样的平面曲线。

在此之前笛卡尔研究了对数螺线（右下图），并尝试计算它的长度。皮埃尔 · 伐里农（Pierre Varignon）之所以如此命名这条曲线是因为在计算螺线的方程中，$r=OM$ 的对数与极角 α 成正比。

对数螺线与任意射线相交的角度相同。但每一圈，螺旋线圈与点 O 间的距离（臂距）呈等比递增。而在阿基米德螺线中，臂距呈等差增加。

我们也可以从运动学角度为对数螺线下定义：点 M 从点 O 出发以一定速度在某条直线上移动形成轨迹 OM，而该直线绕点 O 匀速自转。

雅克 · 伯努利（Jacques Bernoilli）惊叹于它神奇的特性，将其称为不可思议的螺线，并著书一本来全面介绍螺线。他要求后人在自己死后把这种曲线刻在他的墓碑上，一并刻上“纵然变化，依然故我”。但雕刻师误将阿基米德螺线刻了上去。

我们也能够在某些星系或软体动物的外壳上发现对数螺线，比如菊石和鹦鹉螺。此外，向日葵的种子、螺旋芦荟的叶子、松果的鳞片也是根据对数螺线的方式排列的。

螺旋芦荟是一种原产于南非的植物，其叶子呈对数螺线排列。

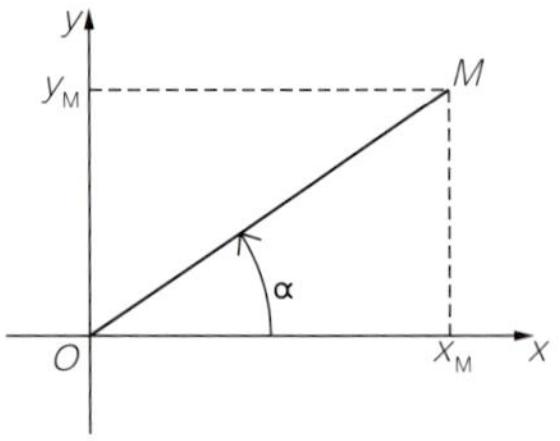

坐标的夹角

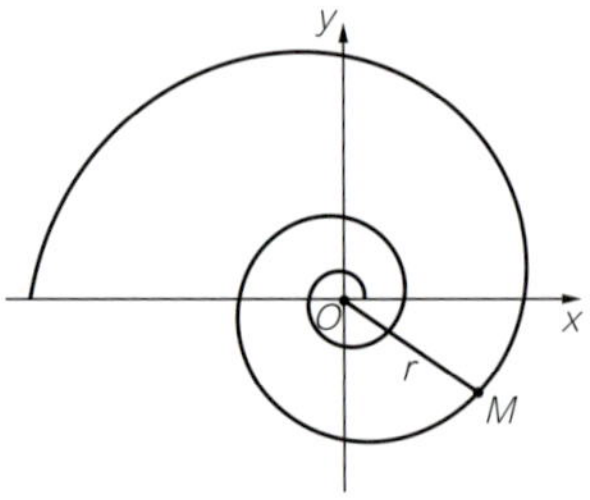

对数螺线

1361 年 1665 年 1686 年

瞬时速度 计算流数 夏特莱侯爵夫人

牛顿的流数法

1665 年，牛顿发明了微积分，他将其称为流数法。不过，直到 1736 年，阐述流数法的论文才发表。

牛顿在力学研究成果的基础上将数学的量称为“流量”。他认为：“这是（变量）以运动物体描述空间的方式持续增长而产生的。”总的来说，他探讨了以下两个问题：

- 已知某个运动物体每秒经过的距离，那么该物体（流数）的速度是多少？
- 反之，已知某一运动物体每秒的速度，那它经过的距离是多少？

我们试着解释牛顿是如何解决这两个问题的。首先，运动中的物体在时间 t 内走过了距离 x，用现在的符号可以写作 $x=f(t)$。物体在相邻时间 t 和 $t+\Delta t$ 之间的平均速度是 $\frac{f(t+\Delta t)-f(t)}{\Delta t}$，而当 Δt 无限小时，这个方程式的极限就是时刻 t 的瞬时速度。任何在高中学过求导的人都能认出这就是导数的表达式。由于函数在一点处的导数就是该曲线在该点处切线的斜率，因此已知切线的导数，便很容易求出这个切线的方程（右图）。

为了解决第二个问题，牛顿在某种程度上用到了反导。如果已知时间 f 的函数，且它是时刻 t 的速度，那么速度就是某个函数 F 的导数，但要计算出具体的数值并非易事。如今我们将其表述为，F 是函数 f 的原函数。

这一方法被牛顿成功地运用到面积的计算。流数的计算为微分计算和积分计算建立了联系。

伏尔泰的伴侣埃米莉·迪沙特莱侯爵夫人（Émilie du Châtelet）是数学家和物理学家。她将牛顿的《数学原理》（*les Principia mathematica*）译为法语，并向大众普及了莱布尼茨的著作。莫里斯－康坦·德·拉图尔（Maurice-Quentin de La Tour）为其画了肖像画。

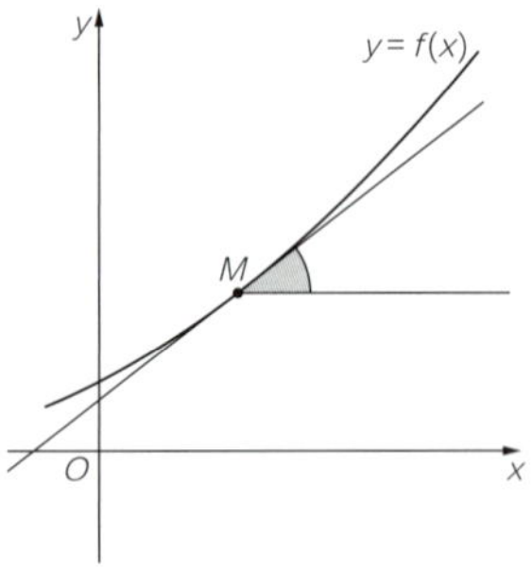

曲线的切线与导数

另请参阅

- 莱布尼茨的微分学，第 226 页
- 第一组微分方程，第 228 页
- 莱布尼茨的积分学，第 230 页

知识链接

皇家科学院的创立

17 世纪上半叶，欧洲学者各自独立工作。科学思想的传播主要通过信件的往来。随着第一个科学院的创办，一切都改变了。

1660 年，英国皇家学会在伦敦成立。1665 年，该学会推出了自己的科学期刊，即《哲学汇刊》（*Philosophical Transactions*）。英国皇家学会著名成员有艾萨克·牛顿、罗伯特·波义耳（Robert Boyle）、罗伯特·胡克（Robert Hooke），还有爱德蒙·哈雷（Edmond Halley）。

1666 年，科尔贝（Colbert）在法国创办了皇家科学院，包含 6 个学科：几何学、天文学、医学、解剖学、植物学和化学。学院的 70 位成员在其他人的举荐下由国王任命。其中不只有法国学者，还有外国学者如惠更斯，奥劳斯·罗默（Olaus Römer）。笛卡尔和莱布尼茨拒绝成为院士，因为他们认为政府的干预过多。科学院的官方刊物叫作《学者杂志》（*Journal des sçavans*）。

随后在欧洲也相继成立了一些其他科学院，比如在都灵、柏林、圣彼得堡。

科尔贝向路易十四引荐创建于 1666 年的皇家科学院的院士。亨利·泰斯特兰（Henri Testelin）依据夏尔·勒布伦（Charles Le Brun）描述所作，该画作现存于凡尔赛宫。

莱布尼茨的微分学

德国的哲学家和数学家歌特弗里德 · 威廉 · 莱布尼茨（Gottfried Wilhelm Leibniz）和艾萨克 · 牛顿一样，也是微分学的创始人之一，但是他使用的方法和这位英国学者的截然不同。

假设 f 是一个在区间 I 中有定义且连续的函数，对照区间中选取一点，作出它的函数图形 Γ。在这条曲线上标出两个相邻的点 $M(x;y)$ 和 $M'(x';y')$，然后在曲线 Γ 的 M 处作一条切线。

在 M 和 M' 之间，变量 x 的增量是 $\Delta x=x'-x$，而 y 的增量是 $\Delta y=y'-y$。右图中 $\overline{BM'}$ 是 Δy 的一部分。莱布尼茨用 dy 表示 $\overline{BC}$，并将其称为 y 的微分，因为他设想 $\overline{BC}$ 能无限小。他将 $x'-x$ 之差为 x 的微分，记作 dx，$\Delta x=\mathrm{d}x$；而且 Δy 无限趋近 dy。dy 和 dx 中的字母 d 并不是一个数值，而是“差（différence）”的首字母，是微分中的一个“运算符”。

在直角三角形 BMC 中，$\Delta y=\Delta x\times\tan\widehat{BMC}$。莱布尼茨将该等式替换为 $\mathrm{d}y=\mathrm{d}x\times\tan\widehat{BMC}$，用现在的符号写作 $\mathrm{d}y=f'(x)\mathrm{d}x$，或者 $f'(x)=\frac{\mathrm{d}y}{\mathrm{d}x}=\tan\widehat{BMC}$。如果读者学习过这个概念，就明白 $\frac{\mathrm{d}y}{\mathrm{d}x}$ 正是一个导数。

莱布尼茨定义微分 dx 和 dy 后，叙述了它们的运算规则。下面列举其中两条规则：如果 u 和 v 是实数变量 x 的两个函数，那么 $\mathrm{d}(u+v)=\mathrm{d}u+\mathrm{d}v$，而 $\mathrm{d}(uv)=u\mathrm{d}v+v\mathrm{d}u$。

严格来说，除了符号不同，莱布尼茨的微分学和牛顿的流数法计算结果是相同的，但前者使用起来更加方便，相当于我们现在的导数计算。

1694 年，莱布尼茨制造了一台能够执行四则运算的计算器，它和帕斯卡在 52 年前制造的机器一样。

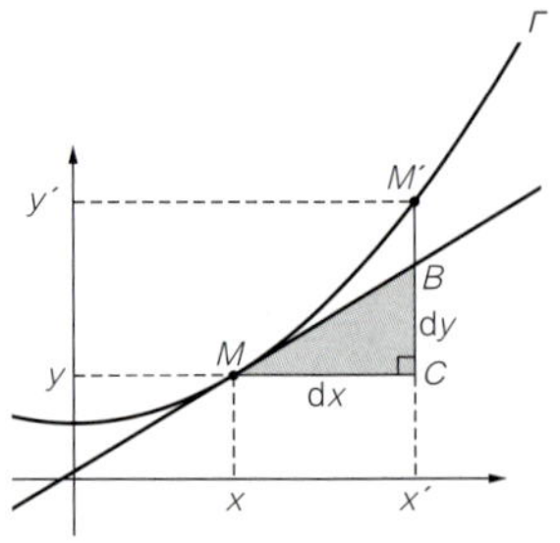

微分 dx 和 dy

另请参阅

牛顿的流数法，第 222 页
第一组微分方程，第 228 页
莱布尼茨的积分学，第 230 页

第一组微分方程

微分方程指的是莱布尼茨表达式。在这个方程中，未知数并不是一个数字，而是一个函数，因此它展示的是未知函数与其导数的关系。微分方程的首次出现可以追溯到 1638 年。当时有位法学家名叫弗洛里蒙德·德·博纳（Florimond de Beaune），他是勒内·笛卡尔的朋友，也是一位数学爱好者。他提出了一个问题，用现代语言阐述就是："未知方程式 $y=f(x)$ 的曲线上的任意一点都有一条切线，曲线上一点 P 的切线与 x 轴相交于点 A，而 P 的垂线与 x 轴相交于点 H，已知线段 AH 的长度为 1，求这个曲线的微分方程。"（右图）

罗贝瓦尔（Roberval）、笛卡尔和费马都试图解开这个问题，但都没有成功。直到 1684 年，莱布尼茨给出了解法，他指出这个问题能推出微分方程 $y'=y$，其解是 $y=\exp(x)$。

大多数情况下，微分方程无法精确求解，但能求得一个近似解。欧拉第一个提出了求得这类方程近似解的方法。

微分方程已成为纯数学和应用数学中的主要工具之一。最初，它主要用于解决几何问题和力学问题，后来很快被应用于构建物理学、天文学、生物学和人文科学中某些现象演变的数学模型。

19 世纪，意大利数学家沃尔泰拉（Volterra）通过两个微分方程组成的系统首次模拟了两个种群的联合进化，即捕食者（猞猁）和猎物（雪兔）。

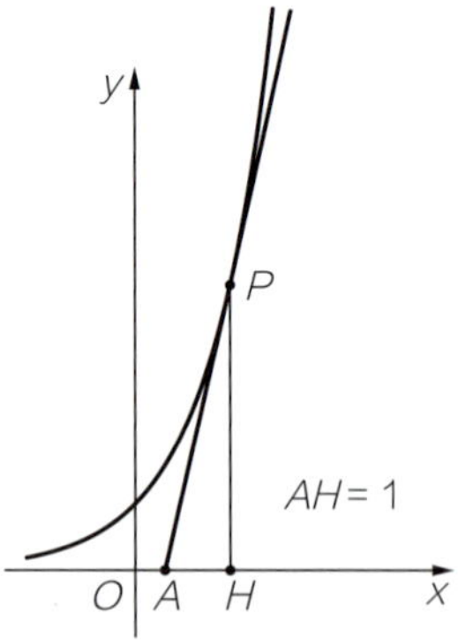

曲线的微分方程图示

另请参阅
牛顿的流数法，第 222 页
莱布尼茨的微分学，第 226 页
莱布尼茨的积分学，第 230 页

1665年
牛顿的计算

1686年
莱布尼茨的计算

1854年
黎曼积分

莱布尼茨的积分学

若函数 f 的图形表现为一条连续的曲线 Γ，同时曲线 Γ 上两点 A、B 的横坐标分别为 a、b，且 $a \leqslant b$。17 世纪的数学家为了算出曲线下 $ABba$ 的面积，将区间 $[a, b]$ 平均分成 n 个部分，而且用 n 个等宽的长方形面积来代替所求面积（右上图）。莱布尼茨将这种方法推广至连续的曲线 Γ 所表示的函数。

在曲线上标记定点 A 和动点 M 在 x 轴上的横坐标 a 和 x，用 $S(x)$ 表示由曲线、x 轴与横坐标 a 和变化的横坐标 x 一起围起来的平面部分面积。因此，这个面积就是 x 的函数。然后赋予 x 无限小的增量 Δx，那么 $S(x)$ 也会随之产生无限小增量 ΔS（右下图）。

由于 ΔS 的大小介于宽度均为 Δx，但高度分别是 $f(x)$ 和 $f(x+\Delta x)$ 的两个长方形面积之间，因此可以写作：$f(x) \times \Delta x < \Delta S < f(x+\Delta x) \times \Delta x$。

让我们用微分 dx、dy 和 dS 代替 Δx、Δy 和 ΔS，上一个结构就变成了 $f(x)\mathrm{d}x < \mathrm{d}S < f(x+\mathrm{d}x)\mathrm{d}x$。由此，我们能推导出 $\frac{\mathrm{d}S}{\mathrm{d}x} = f(x)$，这用现代术语表示为 $f(x)$ 是函数 S 的导数。那么只需要找到以函数 f 为导数的函数 F 就能算出 S（但这并非易事！）。如今，我们称 F 是 f 的导函数，当 $x=a$ 时，双方相互抵消，可以写作 $S(x) = \int_a^x f(x)\mathrm{d}x$。符号$\int$是由莱布尼茨提出的，是单词“和”（*somme*）的首字母 S 的变形。

人们很难去定义和使用“无穷小”的量，这使得莱布尼茨的积分学似乎缺乏严密的基础。但同牛顿的流数法一样，它已经被证实是一个强大而有效的工具。

另请参阅

▶ 牛顿的流数法，第 222 页
▶ 莱布尼茨的微分学，第 226 页

积分学在今天是非常必要的。例如，根据水流的形状和体积，它可以计算水对大坝施加的力的总和。下页图为奥地利的斯陶西·穆瑟博登大坝。

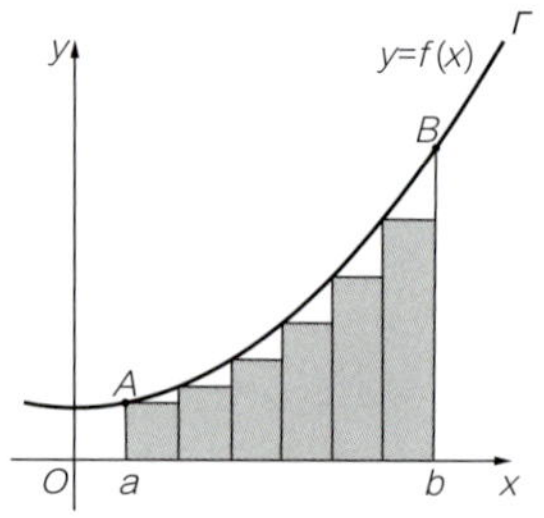

被分成 6 个等宽矩形的不规则图形 ABba

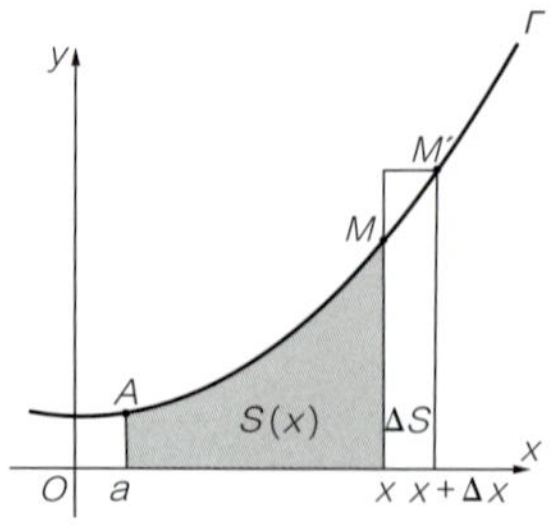

无限小的增量Δx 和Δs

独立钻石棋——受欢迎的益智游戏

当你想打发时间的时候，玩独立钻石棋游戏会是一个好的选择！

独立钻石棋是一种广受欢迎的游戏。它的游戏规则是一步一步将弹珠移离棋盘，最后只剩一子。游戏开始时，棋盘上的每孔处都放一颗弹珠，然后每拿走一颗就多一格空位。

当一颗弹珠跳过另一颗弹珠，才能从棋盘上拿走一颗，具体规则如下：

- 只有两个弹珠相连，并且前方有空位的情况下，才能跳子；
- 一个弹珠跳过另一个弹珠后要落入一个新的空格；
- 跳子的方向只能在水平线或垂直线上，绝不能沿斜线跳。

欧洲的棋盘上共有 37 个洞，而英国棋盘（右上图）是希腊十字架的形状，只有 33 个洞。1697 年 8 月，杂志《文雅信使》第一次对这项益智游戏进行了描述："这个名叫'独立钻石棋'的游戏广受欢迎，相信您和您的朋友不会因为游戏规则而不快。您可以在下面的两篇文章了解规则并解锁各种各样可能的玩法……无论这个舶来品来自哪个国家，它一到法国便备受欢迎。在宫廷、巴黎市井和外省，它都给人带来快乐，它的身影无处不在。"（右中图）整个 18 世纪独立钻石棋游戏风靡一时，众多伟大的数学家都对它进行了研究。1710 年，就连莱布尼茨也为其贡献了一篇文章。

若游戏开始时，空孔位于棋盘的中间，那么游戏通关时，能否让仅剩的一颗弹珠恰好位于棋盘中间的空孔上呢？大约 1990 年，荷兰数学家汉斯·赞特马（Hans Zantema）证明了这在欧洲棋盘上行不通。如右下图所示，如果它处于棋盘上的黑色标记位置，才能回到第一个洞。

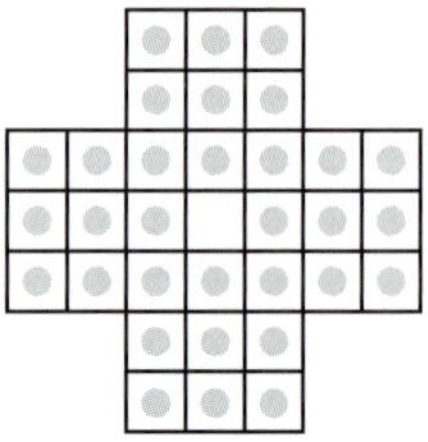

英国棋盘

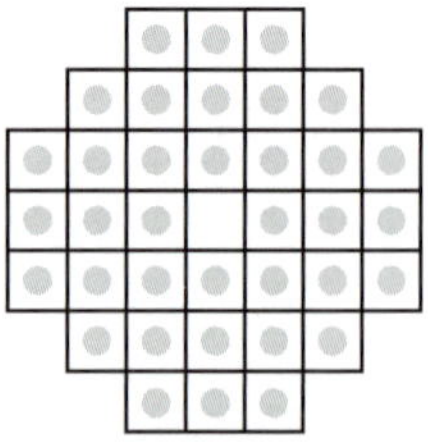

法国棋盘

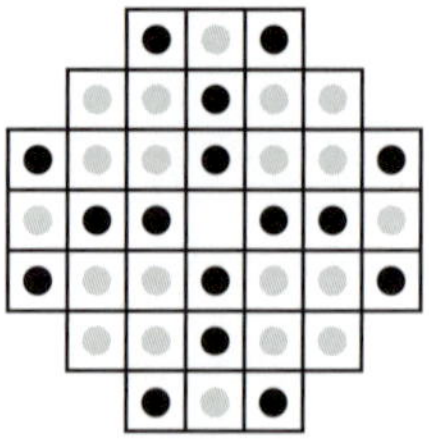

获胜位置

另请参阅

▶ 马里恩巴德游戏，第 328 页
▶ 魔方，第 334 页

Se vend a Paris chez BEREY Graveur rüe S.t Jacques vis a vis la rüe de la Parcheminerie a la Princesse de Savoye Avec Privilege 1697

Madame La Princesse
de Soubize, jouant au Jeu du Solitaire.

小　结

17 世纪，欧洲数学的发展主要集中在意大利、法国、德国和瑞士。笛卡尔新的解析几何能用代数计算解决几何问题。此外，他还提出了用字母表后几个字母代表未知的变量，用前几个字母代替常数，这彻底改变了方程的书写方式。

牛顿和莱布尼茨各自独立创造了数学的一个新分支，由于研究的对象是“无穷小的量”，所以被称为“微积分学”。

继帕斯卡的研究之后，卡丹和伽利略开始了对赌博游戏的研究，这促进了概率论的诞生。

17 世纪初，伽利略的研究成果已经从物理学转向实验科学和数学科学。牛顿提出的力学定律在很大程度上证明了这种物理学的数学化。

1643 年的皇家广场。帕斯卡向笛卡尔、笛沙格和梅森神父展示他关于大气压力的实验项目。19 世纪画家西奥博德 · 沙特朗（Théobald Chartran）的作品，悬挂于巴黎索邦大学荣誉楼梯的柱廊上。

18世纪初，瑞士的雅克·伯努利去世后，他的著作才出版。这部著作介绍了一种离散概率法则，被称为二项式定理。例如，该定律能够算出连掷 10 次 6 面骰子，掷出 7 次 6 的概率，这是同类法则中的第一条概率定律。

而称霸 18 世纪大部分时间的是另一位瑞士人——莱昂哈德·欧拉。他的贡献卓著，尤其是对指数函数的一般定义、常量 e 的计算、素数的重要研究，以及针对某些微分方程的定义和解法。这些方程将成为物理学的主要工具之一。此外，欧拉还涉足力学和天文学。1783 年，欧拉去世，另一批顶尖的数学家，如勒让德、拉格朗日、蒙日、拉普拉斯和傅立叶登上历史舞台，法兰西继而成为欧洲数学的中心，直到第一帝国末期。

1703 年

1797 年

18 世纪
——解析法的发展

莱布尼茨和二进制计数法

根据莱布尼茨二进制系统，所有电路的工作都遵循电流通过等于 1，电流不通过等于 0。

因为 47=32+8+4+2+1，所以 47 是 2 的幂之和。任何自然数都具有这一特性，无一例外。例如，18=16+2。

我们验证了任意自然数都能写作 2 的幂之和，而每个幂的系数都是 0 或 1。由此可得，47=1×32+0×16+1×8+1×4+1×2+1×1，而 18=1×16+0×8+0×4+1×2+0×1。

若只保留系数 0 或 1，则数字 47 和 18 可以用二进制写法表示为：101111 和 10010。但要注意二进制数的读法！例如 101111 应该读作“一零一一一一”，而不是“十万一千一百一十一”，因为后者的读法只用于十进制。

用二进制写法表示数字使得数字相加变得更加容易。因此，数字 47 和 18 以二进制的形式相加得到的二进制数是 1000001（右图）。二进制整数的加法表非常简单：0+0=0，1+0=0+1=1，而 1+1=10。另外，二进制乘法也同样简单，因为 0×0=0，0×1=1×0=0，而 1×1=1。二进制数还可以用分数 $\frac{1}{2}$、$\frac{1}{4}$ 和 $\frac{1}{8}$ 等表示分数部分。因此，十进制数 29.75 的二进制写法为 1111.11，因为 $29.75=1\times16+1\times8+1\times4+1\times1+1\times\frac{1}{2}+1\times\frac{1}{4}$。

$$\begin{array}{r} 47 \\ +18 \\ \hline 65 \end{array} \qquad \begin{array}{r} 101111 \\ +\quad 10010 \\ \hline 1000001 \end{array}$$

十进制与二进制加法对照

1703 年，莱布尼茨在一篇法语论文中论述了二进制计算的优点和简便性，论文的题目是《论单独使用 0 与 1 的二进制算术——兼论二进制用途》。

直到 20 世纪，二进制系统才在计算机的制造中得到了充分利用。在电压的应用中，我们用 0 表示低压，1 表示高压。

另请参阅

布尔运算，第 290 页
ENIAC——世界上第一台电子计算机，第 326 页
马里恩巴德游戏，第 328 页

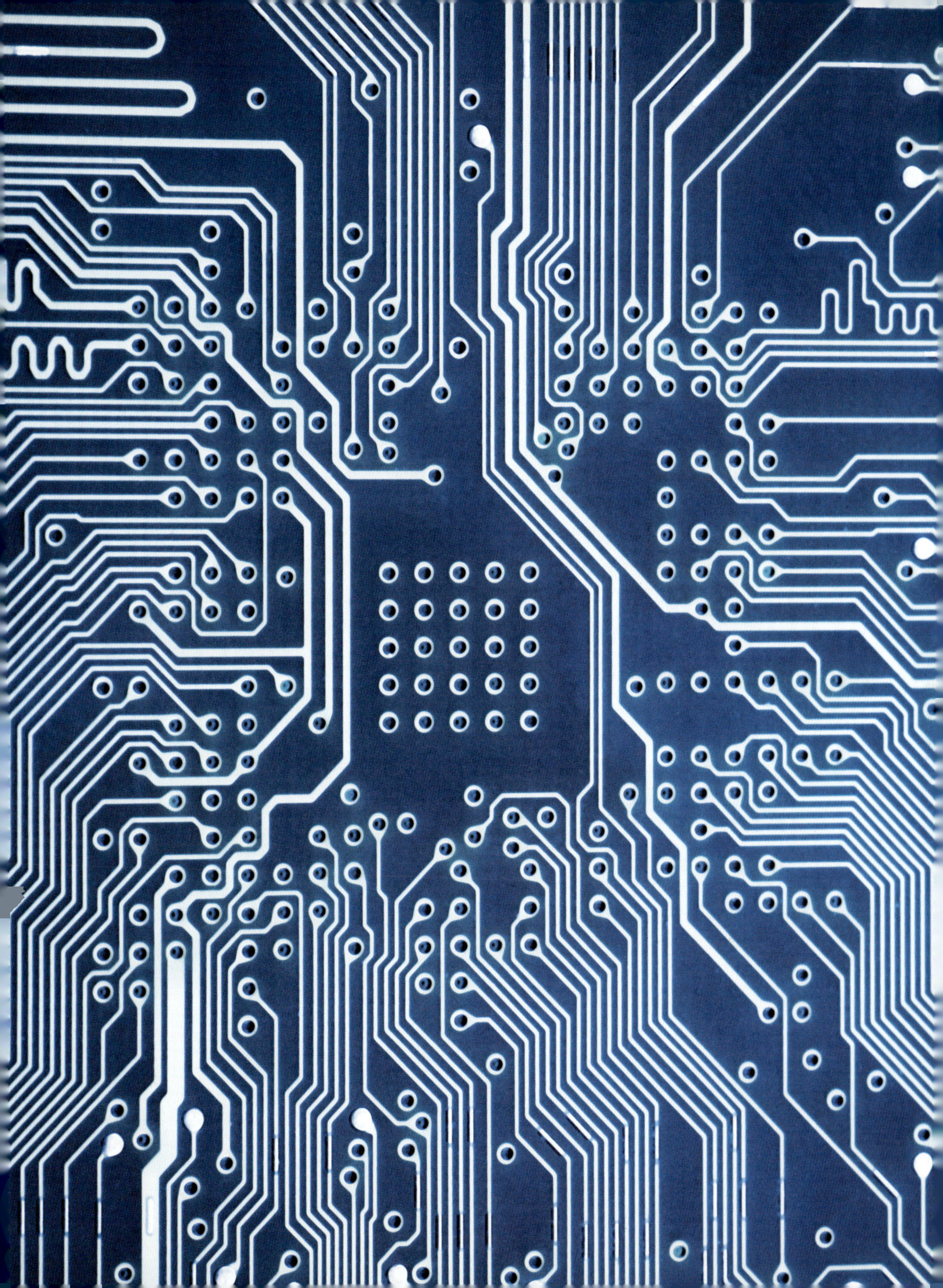

二项式定理

一个 4 孩之家中孩子都是女孩的概率是多少？2 个男孩和 2 个女孩是最常见的情况吗？

为了解决这类问题，瑞士数学家雅克 · 伯努利提出了名为“二项式定理”的概率分布。这个定理在他去世后的 8 年才被公之与众。它能够计算若发生一连串 n 个相同的随机实验，且试验结果只有传统意义上的胜利或失败两种，那么其中成功的概率 k 是多少。例如，抛硬币猜正反面时，我们可以将正面看作胜利，反面看作失败。同样地，掷骰子时，掷出 6 则为胜，否则视为失败。

因此，通过二项式定理可以确定的是，4 个孩子中都是男孩或女孩的概率为 $\frac{1}{16}$。接下来，我们试着探究下原因。

新生儿出生时男孩的概率是 $\frac{1}{2}$，女孩的概率也是 $\frac{1}{2}$。如果用字母 F 表示女孩，字母 G 表示男孩，那么可能的组合有 GGGG，GGGF，GGFG，GGFF，GFGG，GFGF，GFFG，GFFF 等。

右图简便清晰地展示了所有可能的组合。树状图的 16 个分支从左到右根据出生顺序依次对应序列：FFFF，FFFG，FFGF，FFGG，FGFF 等，而 FFFF 和 GGGG 组合只各出现了一次。通过右图，我们可以列一个表格来清点不同组合中男女性别人数。

表格最后一列的数字同样出现在帕斯卡的算术表中，因为它们都是二项式系数。因此，它们名字的渊源就是二项式定律。

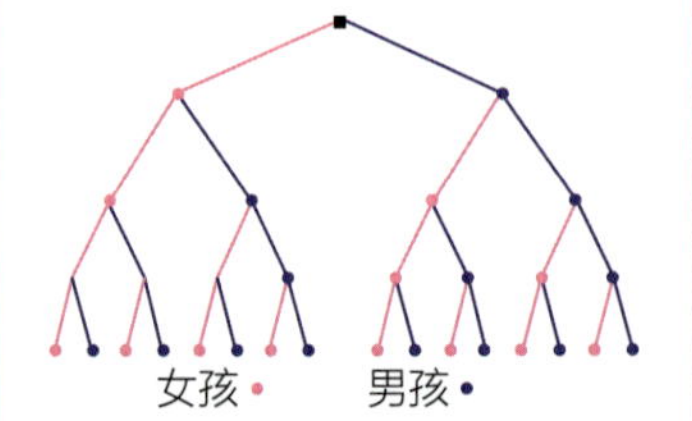

男孩的数量（G）	女孩的数量（F）	组合数量
4	0	1
3	1	4
2	2	6
1	3	4
0	4	1

4 个孩子的组合情况

另请参阅
帕斯卡的算术三角形，第 216 页
概率计算的诞生，第 218 页
拉普拉斯概率论，第 270 页

这家 8 个孩子都是男孩或女孩的概率是 1/256。而分别是 4 个男孩和 4 个女孩的概率为 70 /256。

格隆斯菲尔德的密码

1734 年，比利时的外交官格隆斯菲尔德（Gronsfeld）伯爵对尤利乌斯·凯撒的密码进行了改进。他的加密方式实际上是维吉尼亚（Vigenère）加密方法的变型。不过他想到了另一种方法来加密信息，即用数字密钥代替一连串字母组成的密钥。和维吉尼亚加密方法相同的是，该方法也要给被加密文本的字母设计一个可变化的偏移量。

例如，让我们以数字 517 作为密钥加密信息 LE CIEL EST BLEUE（天空是蓝色）。文本的第一个字母变换时要偏移 5 个字母，第二个字母偏移 1 个字母，第三个字母偏移 7 个字母，以此类推。

从右图我们可以看到，其中字母 E 可能变成 F、J 和 L。这和凯撒密码相反，因为同一字母可以用几种不同的方式进行编码。这使得统计解码方法的应用更加难以实行。当然，已知数字密钥，我们只需进行相反的操作就能破解加密的文本。

L	E	C	I	E	L	E	S	T	B	L	E	U
5	1	7	5	1	7	5	1	7	5	1	7	5
17	6	10	14	6	19	10	20	1	7	13	12	26
Q	F	J	N	F	S	J	T	A	G	M	L	Z

格隆斯菲尔德密码

1863 年，维吉尼亚密码和格隆斯菲尔德密码被一个普鲁士士兵——弗里德里希·卡希斯基（Friedrich Kasiski）少校破解，因此这两种加密方式在今天大势已去。卡希斯基在一本名为《密码与破译艺术》的书中公布了他的破译方法，也就是分析加密文本中序列之间的差。

但我们注意到，如果密钥长度超过文本本身，则很难被破解。1949 年，信息论之父——克洛德·香农（Claude Shannon）已经证明：在极端情况下，当密钥和待破文本长度相同时，没有密码根本不可能成功解密信息。

第一次世界大战结束前，人们用信鸽来传递密信。

另请参阅

▶ 波利比乌斯方阵，第 80 页
▶ 知识链接：凯撒密码，第 93 页
▶ 肯迪破解凯撒密码，第 116 页
▶ 法国国王的“破译员”，第 180 页

柯尼斯堡的七桥问题

普鲁士老城柯尼斯堡（今俄罗斯的加里宁格勒）被普列戈利亚河和 7 座连接不同城区的桥梁分割成了 A，B，C，D 4 个城区（右上图）。18 世纪初，人们提出了一个疑问：有没有一条路线经过各桥连接各个城区，但每座桥只可经过一次，最后回到起点呢？

如今这种路线被称为欧拉回路。1736 年，居住在俄罗斯圣彼得堡的欧拉（Euler）证明了这个问题不可解。他的论证过程如下：

- 由于每座桥能且仅能通过一次，那么离开和到达某个城区所经过的桥梁数量必须一致，否则将无法回到起点。
- 因此，每个城区的桥梁数量应该为偶数。

画一个草图能帮助我们理解欧拉的推理。将右上图中 4 个区域分别标上 *A*、*B*、*C*、*D* 4 个点，通过桥梁将点与点互相连接。例如，*A* 与 *B* 连接，然后 *B* 与 *C* 连接，*C* 与 *D* 连接。如右下图所示，柯尼斯堡各城区之间的桥梁数量为奇数，因此，无法形成环线回到原点。也就是说，右上图中的 *A*、*B*、*C*、*D* 每个点都连有奇数条线（奇顶点）。

1873 年，卡尔 · 希尔霍尔泽（Carl Hierholzer）证明了构成欧拉回路的图形是存在的。条件是图形中的每个顶点仅经过一次，且仅当其中 2 个顶点为奇顶点时，这个图形才能形成欧拉回路。在这种情况下，欧拉回路必须以某个奇顶点为起点。

与此类似的问题还有判断一个图形是否属于哈密顿图（哈密顿是一位爱尔兰数学家）。也就是看在某个图形中是否存在一条过每点且只过一次的线。如今，这些问题广泛应用在逻辑学和运筹学中。

莱昂哈德 · 欧拉的肖像，雅各布 · 汉德曼绘，纸上粉彩，1753 年。

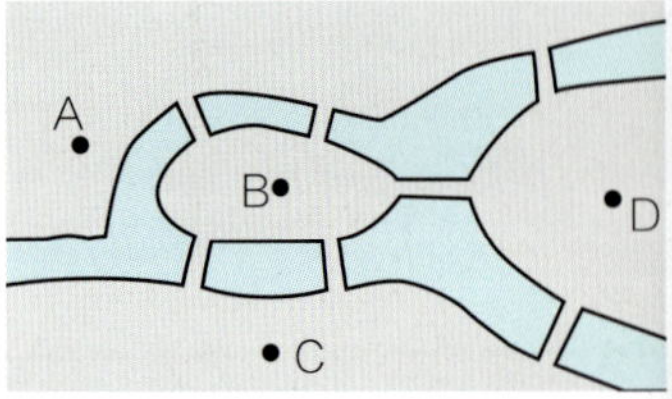

柯尼斯堡的七桥问题

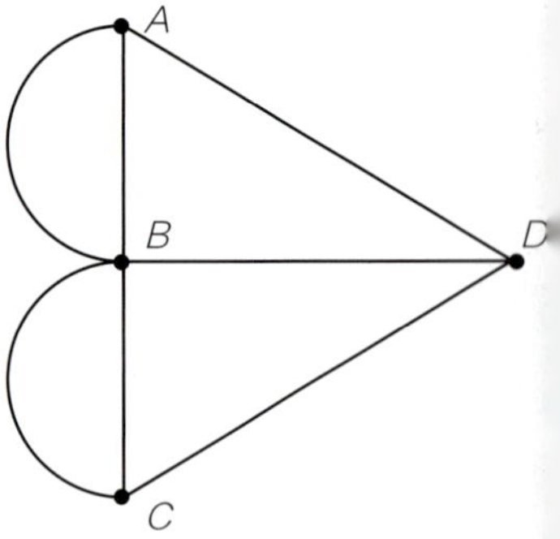

与七桥问题相关的图示

另请参阅

知识链接：商务出行者的难题，第 285 页

知识链接

函数是什么？

从伽利略的研究成果中，人们对数学家和自然规律之间的关系有了新的认识，即可以用一个概念表示相互联系的两个量，而且根据其中一个量能得出另一个，认识这样的概念是非常必要的。

1667 年，英国的数学家詹姆斯 · 格雷戈里（James Gregory）将函数定义为“从其他一些量经过一系列的代数运算而得到的一个量”。可是，“函数”一词直到 18 世纪才被纳入数学和科学词汇表。

1718 年，约翰 · 伯努利（Johann Bernoulli）陈述了如下定义：“由任一变量和常数的任一形式所构成的量被称为该变量的函数。”他还提出了符号 Φx，其中 Φ 是函数，x 是变量。

1748 年，时居柏林附近的桑苏西城堡里的欧拉应国王腓特烈二世的邀请，重新采用了约翰 · 伯努利的定义，并提出用 $f(x)$ 表示变量 x 的函数 f 的图像。整个 19 世纪都使用的是这个定义，直到 20 世纪它才被几何理论的框架下的新定义所取代。

鹦鹉螺壳的切面图呈现出一个极其美丽的对数螺旋，它的方程正是基于指数函数。

1737 年
e 是无理数

1748 年
欧拉的研究成果

1873 年
e 是超越数

指数函数

假设有人以年利率为 10% 的复利借 200 个皮斯托尔[①] 的本金，借期为一年。即使 10% 的年利率相当于 2.5% 的季度利率，计算表明，3 个月后要偿还的资金为 200+200×2.5%=205 个皮斯托尔。如果继续算下去，我们发现 6 个月后，就需要偿还 211 个皮斯托尔，9 个月后是 216 个皮斯托尔，而 12 个月后是 221 个皮斯托尔。设 C 是以年利率为 t 的复利借来的本金，而设一年时间被均分为 n 个时期，那么一年后要偿还的本金公式为 $C' = C\left(1+\frac{t}{n}\right)^n$。这个复利公式在财务计算中非常常用。雅克 · 伯努利想探究如果 n 变得越来越大，数字 $\left(1+\frac{t}{n}\right)^n$ 会发生什么变化。这是一个典型的数学家的提问，因为它的实际应用并非显而易见。1748 年，欧拉给出了回答，他指出数字 $\left(1+\frac{t}{n}\right)^n$ 会越来越接近 e^t，其中“e”是他用来指代自然对数的底数的符号。比如，当 $t=10\%$，而 n 变得无限大时，$\left(1+\frac{0.1}{n}\right)^n$ 趋向于 1.1051709180756477。当 n 变得无限大时，欧拉将 $\exp(x)$ 或 e^x 作为表达式 $\left(1+\frac{x}{n}\right)^n$ 的极限值。他还成功地计算出 e 的 23 位精确小数。

指数函数在科学中的重要性在于这个性质：如果一个量 M 随着时间的变化而变化，其增长率与 M 成正比，那么证明这个量是时间的指数函数（右图）。

18 世纪，罗马天主教会仍然禁止有息贷款。但在某些新教国家，特别是在瑞士，允许有息贷款。《贷款人和他的妻子》，康坦 · 梅特西斯（Quentin Metsys）绘，1514 年，卢浮宫博物馆藏。

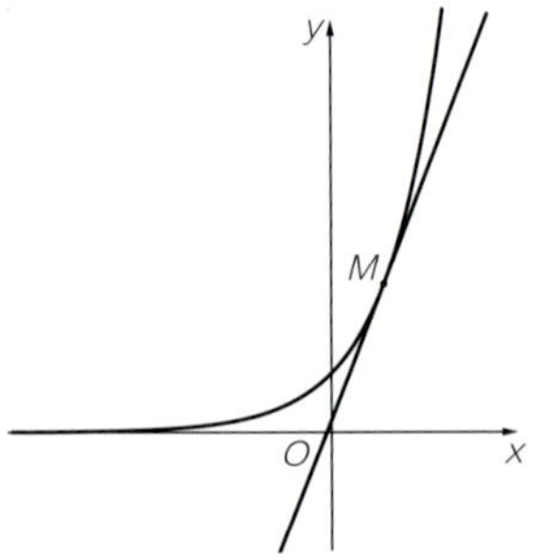

指数函数与其中的一条线

另请参阅
对数的发明，第 198 页
人口增长问题，第 254 页

① 皮斯托尔，Pistole，法国古钱币。——译者注。

1637 年 费马 | 1751 年 欧拉 | 1797 年 勒让德

数论的繁荣

为了庆祝新年，数学家们有时会用一些数学属性让许愿更有乐趣。比如，2020 年,《切线》(*Tangente*) 杂志的新年愿望就伴随着等式 $2020=17^2+19^2+23^2+29^2$。这个等式中的奇妙之处不仅在于把整数分解成了 4 个数字的平方的和，而且还在于这四个数都是素数！

17 世纪，巴切特 · 德 · 梅济里亚克推测每个整数都能被写作 4 个数字的平方和。虽然费马声称已经证明了这一性质，但一如既往，他从未写过他的证明。1751 年，欧拉发表了一个相对完整的证明。直到 1770 年，约瑟夫 - 路易 · 拉格朗日 (Joseph - Louis Lagrange) 才真正证明了四方定理。

1797 年，阿德里安 - 马里 · 勒让德 (Adrien - Marie Legendre) 对定理进行补充，并论述道：只有当正整数满足 $4k(8m+7)$ 的形式 (其中 k，m 为非负整数)，则该正整数能写作 3 个数字的平方和。但他的补充也并不完全正确。1801 年，高斯 (Gauss) 最终完成了整个定理的证明。

欧拉对数论的兴趣可能来自他与圣彼得堡学院的朋友克里斯蒂安 · 哥德巴赫 (Christian Goldbach) 的诸多交流。例如，1742 年，哥德巴赫同他谈到了一个猜想，之后这个著名的猜想也被冠上哥德巴赫的名字：任意一个大于 2 的偶数都是两个素数之和。因此，16=5+11，28=5+23，48=41+7。这个猜想至今尚未被证实。

自欧几里得以来数学家们痴迷于完全数①和梅森数②，欧拉也不例外。1772 年，他在梅森数中补充了数字 $2^{31}-1=2147483647$。直到 1867 年，这个数字仍然是已知的最大的素数。

欧拉是第一个试图将复分析应用到素数分布研究中的数学家。继欧拉之后，阿德里安 - 马里 · 勒让德以及到 19 世纪的高斯和黎曼则继续在这个方向上前进。

① 又称“完美数”或“完备数”，是一个正整数，这种数等于它所有真因子 (即除自身以外的约数) 的和，例如 6 的约数为 1+2+3=6，28 的约数为 1+2+4+7+14=28。——译者注

② 梅森数是形如 2^n-1 的数 (n 是正整数)，记为 Mn，当 n 为合数时，Mn 一定为合数，但 n 为素数时，Mn 不一定为素数。——译者注

高斯也是一个精于计算的神童，或许他眼中的数字是彩色的！

另请参阅

- 算术学科的诞生，第 46 页
- 欧几里得与算术，第 62 页
- 巴切特 · 德 · 梅济里亚克的那个令人愉悦的问题，第 194 页
- 算术的复兴，第 210 页
- 费马 - 怀尔斯定理，第 342 页

笛卡尔－欧拉公式

1752 年，莱昂哈德 · 欧拉提出：关系式 $F-A+S=2$ 适用于任意一个有 F 个面、S 个顶点、A 条棱边的多面体。但欧拉并没有论证这个公式。这个关系式被称为欧拉－笛卡尔公式，因为笛卡尔在 1660 年已经提出过一个相似的公式。很久以后，人们才发现这个等式并不适用于所有多面体，例如，一个小立方体放在一个大立方体上（右图），这时 $F=11$，$S=16$，$A=24$，因此 $F+S-A=3$。

1811 年，柯西证明了公式 $F-A+S=2$ 适用于所有凸多面体。

根据欧拉－笛卡尔公式，我们可以推导出只存在 5 种正多面体，进而还能导出“只用六边形无法覆盖球体表面，即使是用不规则的六边形”。反之，假设我们用 F 个六边形彼此相连来覆盖球体，那么可以得到一个凸多面体。由于每个六边形有 6 条边和 6 个顶点，总共便有 $6F$ 个顶点和 $6F$ 条边。但每 3 个相邻的面都有一个共同的顶点，每 2 个相邻的面都有一条共同的边。因此，这个多面体有 $2F$ 个顶点和 $3F$ 条边。运用欧拉－笛卡尔等式，$F-A+S=F-3F+2F$，结果是 0 而不是 2，并不符合公式。因此，用六边形构成一个凸多面体是不可能的。然而，我们通过计算发现，只需将覆盖球体的一些正六边形替换成 12 个正五边形便能成立了，实际上就是把每个六边形和五边形分割成多个三角形，且几乎都是等边三角形。拉维莱特公园有一个巨大球形建筑，其设计师正是选择等边三角形覆盖了一部分球体表面！

拉维莱特公园的球形建筑由建筑师阿德里安 · 法恩西尔伯（Adrien Fainsilber）于 1985 年建成，直径达 36 米，表面由 6433 块边长 1.2 米的钢制球面三角形组成。

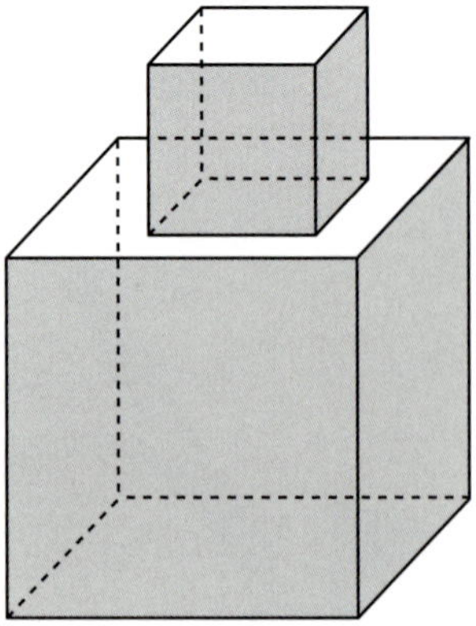

笛卡尔 － 欧拉公式的反例

另请参阅

阿基米德多面体，第 70 页
开普勒多面体，第 184 页

la Géode
CAFÉ DE LA GÉODE

人口增长问题

数字 2 的幂依次是 1、2、4、8、16、32、64……这些数字构成了一个以 2 为公比的等比数列，每一项都是前一项乘以 2 的结果。等比数列中的每项数值增长非常快，这就是指数增长。

欧拉发现指数函数后对这类增长十分感兴趣，并将其应用在人口学中。1760 年，他发表了一篇名为《对人类出生率和死亡率的总体研究》的论文，文中论述他的研究成果。

以一座 3 万居民的城市为例：假设其人口数量每年增加 2%，即每年乘以 1.02。我们设第 n 年的城市人口数量为 P_n，则可以写出等式：$P_n = 30\ 000 \times 1.02^n$。这个数列（$P_n$）便是一个以 1.02 为公比的等比数列。右表列出了当 n 为 5、10、20 和 50 时 P_n 的值。

欧拉没有逐年计算居民的人数，而是根据时间来表示人数。为此，他用 $P(t)$ 指代 t 时间点时的城市居民人数，用 ΔP 表示人口在 t 和 $t+\Delta t$ 两个时间点之间的变化。因为相比于 $P(t)$，ΔP 是成比例的，由此可得等式 $\frac{\Delta P}{P}=0.02$。这个等式中的未知数不是一个数字，而是一个函数，是一个以指数函数 $P(t)=30\ 000 \times \exp(0.02t)$ 为解的微分函数。

欧拉关于人口指数增长的研究让一位英国的圣公会牧师大为惊叹。他就是托马斯 · 马尔萨斯（Thomas Malthus），1798 年，他出版了《人口学原理》。在书中，他对比了食物资源的指数增长和普通算数增长，从而推论出人口危机只能通过限制人口增长来避免。

若不加以控制，人口数量可能呈指数级增长。

第 n 年呈指数增长的人口数量

第 n 年	居民人数（p_n）
5	33 122
10	36 570
20	44 578
50	80 748

另请参阅
对数的发明，第 198 页
指数函数，第 248 页

知识链接

晶体研究中的几何学

1669年，丹麦人达诺·尼古拉（Danois Nicolas）发现石英晶体各面之间夹角相同。

1783年，晶体学作为一门学科诞生了。同年，博物学家让-巴蒂斯特·罗梅（Jean-Baptiste Romé）发表了一篇晶体学论文，他的助手阿诺尔德·卡兰戈特（Arnould Carangeot）发明了角度测量工具——测角仪。他让助手测量了不同种类晶体各面之间的夹角。根据测量结果，罗梅提出了晶面角守恒定律，即“同一晶体的晶面无论大小，对应的晶面间的夹角恒定”。

1784年，勒内·阿维（René Haüy）发表了论文《关于晶体结构理论》。文中指出，晶体结构由“网”中的小体积物质在空间中的堆叠产生，不同的晶体特征表现出的形状不同。由此，他区分了7种基础晶体系统。

紫水晶晶体，一种由微量锰着色的石英。石英结构是结晶六边形。

1687 年 牛顿力学

1788 年 拉格朗日力学

1890 年 亨利 · 庞加莱的研究成果

五个拉格朗日点

18 世纪，尽管牛顿力学取得了巨大的成功，但关于地球和太阳共同作用而引起的月球运动问题仍然没有解决。这是三体问题的特例。

拉格朗日朝着解决这个问题迈出重要一步——1788 年，他发表了论文《分析力学》(*Mécanique analytique*)。为了确定行星运动，他把方程的第二部分分成了两项，因为太阳的引力在行星运动中占了主导作用。

第一部分是由太阳引起的单独运动，第二部分是受其他行星影响产生的摄动。由于太过复杂，他的方程式只能解出一个近似的答案。于尔班 · 勒威耶（Urbain Le Verrier）用拉格朗日的方法，对天王星运行轨迹进行两年的计算后，于 1846 年发现了海王星。

虽然拉格朗日在论文中没有解决三体问题，但也取得了令人惊叹的成果。假设一个行星 P 围绕着恒星 E 转动，还有一个比行星 P 质量小很多的第三天体 L。拉格朗日证明了存在 5 个特殊的点（L_1，L_2，L_3，L_4，L_5）（右图），这颗小质量物体经过这 5 个点时，围绕太阳旋转的角速度等于地球绕太阳旋转的角速度。其中 L_1，L_2 或 L_3 为不稳定点，L_4 或 L_5 则是稳定点。拉格朗日在地日系统中发现的这 5 个点对观测天文学有重大意义。这也是为什么 1978 年美国国家航空航天局（NASA）把“国际日地探测卫星 3 号”（ISEE-3）观测器放置在地日系统中的 L_1 点，使其与地球的相对位置保持不变，并与地球同步绕太阳运转。

1989 年，“旅行者 2 号”探测器飞跃海王星并拍下照片。图片由 NASA 提供的照片合成所制。

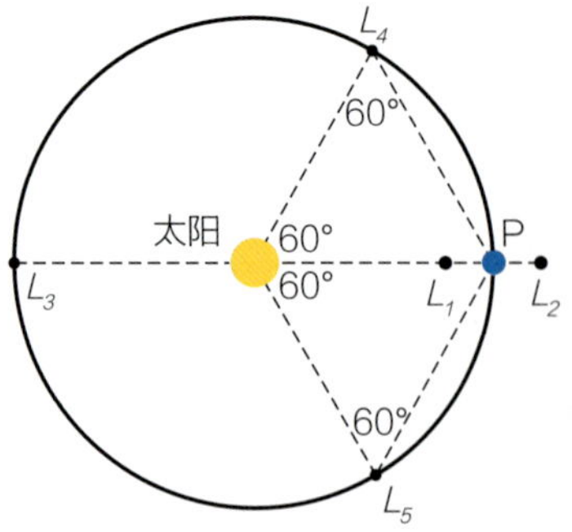

拉格朗日的 5 个点

另请参阅
哥白尼反驳托勒密，第 170 页
星际航行，第 322 页

蒙日提出画法几何

右上图展示了以六边形为底通过等距射影法画出的开普勒棱柱。法国几何学家加斯帕尔 · 蒙日（Gaspard Monge）于 1794 年发明的画法几何也能实现同样的效果。画法几何是几何学一个新的分支，它能帮助我们从两个层面呈现形态多样的几何体，而且还能用来解决空间几何问题。例如，根据画法几何确定某平面与几何体之间的截交线、画出两个几何体的相贯线、研究线段的真实长度或角的真实大小。这都是石匠、木匠、铜匠经常遇到的问题。

要绘制一张以六边形为底的开普勒棱柱的详图，我们需要将其垂直投射在两个相互垂直的平面上：一个竖直平面和一个水平平面。在纸上画出棱柱在两个平面上的投影图，中间用直线 *xy* 隔开，这条线代表两个投影图在实际空间的相交处。正投影也叫正视图，位于 *xy* 线的上方；水平投影也叫俯视图，位于 *xy* 线下方。两个投影中相同的点用虚线连接（右下图）。

1780 年，蒙日进入了法兰西科学院。由于支持法国大革命，他成为巴黎综合理工学院的创立者之一。此外，他还曾随拿破仑征战到埃及，并成了拿破仑将军的好友。在法国，他创建的画法几何一直被后人研习、传承。直到 19 世纪 60 年代，画法几何才被计算机辅助绘图技术和计算机辅助设计技术取代。

计算机辅助设计（CAD）软件今天仍用来探索画法几何的所有可能性。

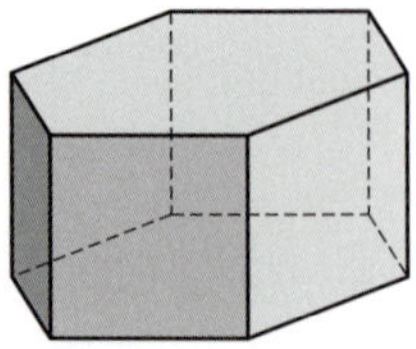

开普勒棱柱的立体图

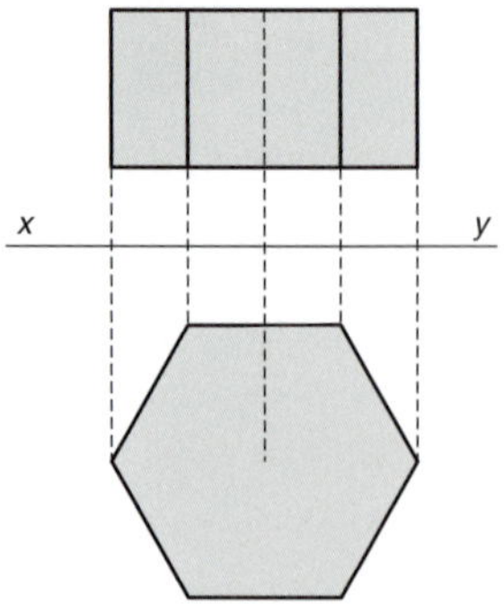

正视图与俯视图

另请参阅

▶ 工匠们的几何学，第 120 页
▶ 教堂建筑师的几何学，第 136 页

EN 837-1
bar
°C

知识链接

米制度量衡的发明

法国大革命之前，法国北部用古尺[①]量布，南部则用手杖量布。巴黎古尺的单位长度大于自由市的单位长度。而且，当时量布用古尺，量木板却用法尺[②]。单位换算也很复杂：1 法尺 =12 法寸[③]；1 法寸 =12 法分[④]。

1790 年 5 月 8 日，制宪议会要求科学院改革计量单位。1795 年 4 月 7 日，公制诞生了。它定义了两个基本单位：米，即“长度的度量单位，等于北极和赤道之间子午线弧长的千万分之一”；千克，被定义为一升水的重量，升本身是容积正好为 1 立方分米的容器的容量。其他所有单位都以米和千克为基础单位，在十进制系统的框架内进行倍数或约数转换。

① 法国古长度单位，1 古尺约为 1.2 米。——译者注
② 法国古长度单位，1 法尺约合 325 毫米。——译者注
③ 法国古长度单位，1 法寸约合 27.07 毫米。——译者注
④ 法国古长度单位，1 法分等于 1/12 法寸。——译者注

公制的引入是法国大革命的巨大成功。

波拿巴和几何

1797 年，在拿破仑 · 波拿巴将军前往埃及的前夕，庆祝了《坎波福米奥条约》的签订。当晚，他向拉格朗日和拉普拉斯解释如何只用圆规来确定某圆的圆心。例如，我们需要定位右上图中红线圆 *C* 的圆心 *O*。

定位圆心 *O* 的具体步骤如下：

（1）在圆 *C* 上标记两个点 *A* 和 *B*；

（2）以点 *A* 为圆心过点 *B* 作一圆，与圆 *C* 产生交点 *C*；

（3）以点 *B* 为圆心过点 *A* 作一圆，与以 *C* 为圆心过点 *A* 所作的圆产生交点 *D*；

（4）以点 *D* 为圆心过点 *A* 作一圆，与以点 *A* 为圆心过点 *B* 所作的圆产生交点 *E* 和 *F*；

（5）以点 *E* 为圆心过点 *A* 作一圆，与以 F 为圆心也过点 *A* 作一圆，两圆相交于点 *O*。

10 年前，拉普拉斯曾在巴黎军事学院担任年轻的波拿巴的考官，据说他曾感慨：“将军，我们对你寄予厚望，除了几何课。”

事实上，后来的拿破仑似乎与他在意大利战争期间认识的意大利几何学家洛伦佐 · 马斯切罗尼（Lorenzo Mascheroni）会面时遇到了这个问题及其解法。1797 年，马斯切罗尼出版了《圆规几何》（*Geometria del compasso*）。他在书中指出，如果一条直线上有两个点已知就认为该直线为已知的话，那么任何用尺子和圆规所作的几何图形都可以单独用圆规完成。

拿破仑促成的第二个几何学成果，名为“拿破仑定理”：在任意三角形 *ABC* 的边上向内或向外构造 3 个等边三角形时，那么以这些等边三角形的中心为顶点会形成一个新的等边三角形（右下图）。

波拿巴将军和他的参谋在埃及。让 - 莱昂 · 热罗姆（Jean-Léon Gérôme）绘，1867 年，莫斯科冬宫博物馆藏。

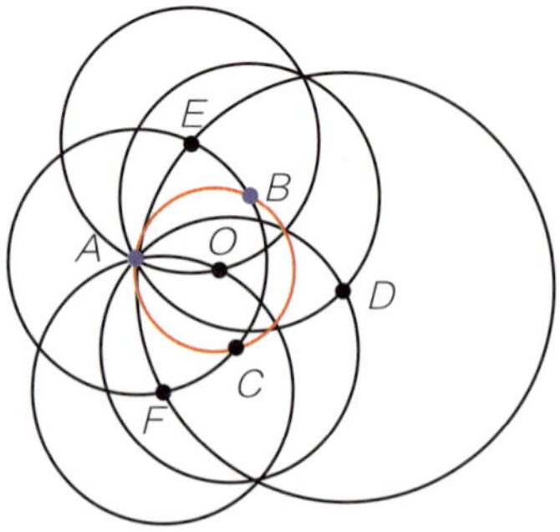

为定位红线圆 *C* 所作的相应图案

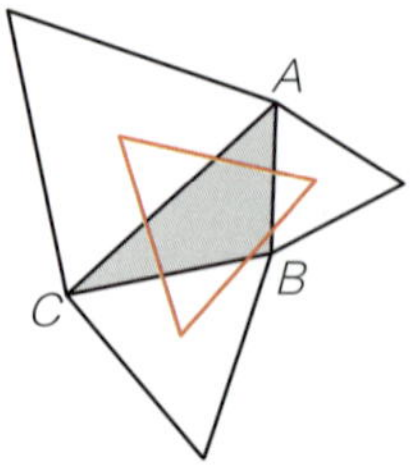

“拿破仑定理”的图示

另请参阅

知识链接：为什么偏偏是直尺和圆规？第 67 页

小 结

18 世纪，数学的进步主要来自对微积分的探究及其在物理学和天文学中的应用。其中法国和瑞士成绩斐然，英国、德国和意大利则略逊一筹。

微积分已经成为能够表达物理法则的唯一语言。许多数学家的名字，例如，欧拉、拉普拉斯或拉格朗日同样被写进了物理学史。

18 世纪的数学家并不拘泥于纯理论的研究，而是将数学应用在光学、测地学、制图学、弹道学、航海技术等。与 17 世纪不同的是，他们通过英国皇家科学院、法国皇家科学院，柏林或俄罗斯的科学院资助，成了真正拥有知识的“专业人士”。

艺术家用 NASA 拍摄的照片创作了《星系中心的黑洞》。黑洞的概念源自皮埃尔 - 西蒙 · 德 · 拉普拉斯，他被称为“法国牛顿”。他既是数学家，也是物理学家和天文学家。2019 年 4 月 10 日，在 M87 星系的中心，人们才第一次直接观测到黑洞。

19世纪是一个严谨的时代。极限、函数、连续性的概念终于有了明确的定义。此前人们接受无理数的存在，但是还没有精确定义。实数集概念的设立带来了无理数的定义。此外，发明于16世纪的复数及其概念也有了严格的定义——“臆想数字”的说法被明确废止。

与之前的时代相比，几何观发生了根本性的变化。人们的研究重心从图形研究转向了几何变换。非欧几何与欧几里得几何分庭抗礼，几何不再只有一种，而是形形色色的。正如亨利·庞加莱（Henri Poincaré）所说，“一种几何并不比另一种更真实，只是更方便而已”。

构建平面向量与空间向量之后，两门新兴学科获得长足发展，且地位均举足轻重，那便是线性代数及之后的线性空间（向量空间）理论。

随着集合论的创立，数学将彻底发生大变革。

1809 年

1899 年

19 世纪
——严谨时代

拉普拉斯概率论

被誉为“法国牛顿”的皮埃尔－西蒙·德·拉普拉斯（Pierre-Simon de Laplace）以其对力学和天文学的诸多贡献而闻名。

拉普拉斯对概率论也同样感兴趣。作为绝对决定论的捍卫者，他在《论概率的哲学论文》的序言中断言，宇宙的当前状态是其先前状态的结果，也是后续状态的原因。“有这样一种智能，在特定的瞬间，它对所有使自然运转的力，以及构成自然的所有元素的所有位置了然于胸。如果它强大到足以分析这些数据，它便能将宇宙中最大物体的运动和最小原子的运动都包含在一个公式里。对于这种智能来说，没有什么是不确定的，未来就如过去一般将呈现在它眼前。”

他给出了一个著名的概率定义：“研究一种现象，需要将同一类型的所有事件归因为一定数量的基本事件，这些基本事件发生的可能性是相同的，然后给定事件的概率是一个分数，其分子代表对该事件有利的基本事件的数量，分母代表基本事件的总数。”

拉普拉斯和高斯共同发现了一个非常重要的概率定律，其图形表现形式就是著名的“钟形”曲线（右图）。19世纪末，这条在统计学中起着重要作用的定律，被亨利·庞加莱称为正态分布。如果一个随机事件的发生取决于多个独立的变量，那么其结果将遵循正态分布。

一则轶事能体现拉普拉斯的思想。拿破仑对他在《天体力学》中没有提到上帝而感到惊讶，这位科学家回答说：“陛下，我不需要这个假设。”

这位玩家抛出两个6的概率是多少？$\frac{1}{36}$！

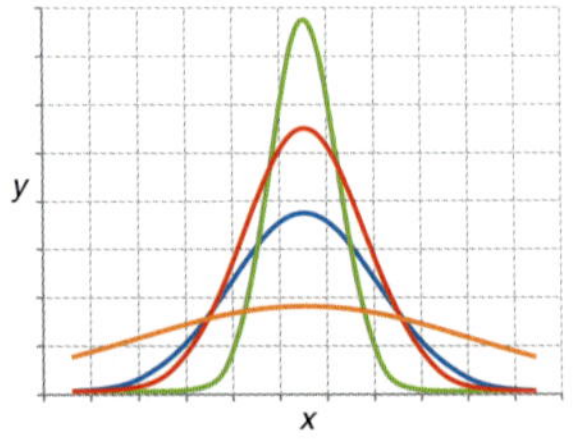

“钟形”曲线（四例）

另请参阅

▶ 概率计算的诞生，第218页
▶ 二项式定理，第240页
▶ 马尔可夫链，第316页

DB152

知识链接

查尔斯·巴贝奇的计算机

1834 年，查尔斯·巴贝奇（Charles Babbage）在剑桥大学三一学院学习数学时，计划用一些穿孔卡片来制造一台计算机器。这些卡片跟法国人雅卡尔（Jacquard）发明的织布机中所使用的那些能够进行机械操控的卡片相似。

巴贝奇作为现代计算机真正的鼻祖，预言了新机器主要有 5 个组成部分：

- 一个穿孔读卡器，用于输入数据和计算程序；
- 一个在存储器中保存数据的控制设备；
- 一个用于存储中间计算结果的存储器；
- 一个执行预期计算的装置；
- 一个输出最终结果的输出装置。

阿达·洛芙莱斯（Ada Lovelace）是英国诗人拜伦勋爵的女儿，师从奥古斯特·德·摩根（Auguste De Morgan）学习数学。她曾为这台机器编写了几个程序；然而这台机器一直都未能从图纸变为实物。巴贝奇的小儿子直到自己父亲去世后，才在 1880 年至 1910 年制造出了分析机的中央处理器和输出设备。

图为织布机和其中使用的穿孔卡片，巴贝奇想用类似于织布机中的使用的穿孔卡片来让他的计算机器运行起来。

柯西与极限

奥古斯丁 - 路易 · 柯西（Augustin-Louis Cauchy）于 1815 年被任命为巴黎综合理工学院教授，并在支持法国大革命的数学家拉扎尔 · 卡诺（Lazare Carnot）和加斯帕尔 · 蒙日被开除后进入法兰西科学院。柯西的研究涵盖了当时所有的数学内容。1821 年和 1823 年，他发表的两篇论文更是价值非凡，为微积分打下了坚实基础。

柯西首次定义并使用了极限的概念："如果连续赋予一个变量的值无限接近一个固定值，以至于该值最终同固定值之差可以任意小，那么这个固定值就是所有其他值的极限。"

他以极限的概念为基础，建立了连续性的概念："h 指代一个无穷小的数，当函数 $f(x)$ 对于所有 x 值（包含在两个给定极限之间）是唯一且有限的值时，任意一个在已知极限值范围内的 x 的值都有唯一且对应的值，$f(x+h)-f(x)$ 之差总是在这两个极限之间，且是极限值范围内的一个无限小的量，那么 $f(x)$ 就是变量 x 在这一极限内的一个连续函数。"柯西的这篇文章在今天看来有点复杂，然而它只是简单地表达了这样一个事实，即无须拿起铅笔就能画出区间内连续函数 f 的曲线。

正如今天一样，柯西还通过极限的概念来定义导数。使用函数 f 的增长率，他写道："假设极限值为 $\dfrac{\Delta y}{\Delta x}=\dfrac{f(x+h)-f(x)}{h}$，当 h 变得无限小时，它是可导的，它的导数是 x 的函数，记作 $f'(x)$。"

请注意，柯西有时会将 $f'(x)$ 写作 y'。

1824 年，作为保皇党的柯西支持查理十世接替路易十八继位，但 1830 年他拒绝向成为国王的路易 - 菲利普（Louis-Philippe）宣誓。随后他流亡瑞士，直到 1838 年才回到法国。

1830年7月31日，路易 - 菲利普离开皇家宫殿前往市政厅，奥拉斯 · 韦尔内绘（Horace Vernet），1832 年。

另请参阅
阿喀琉斯与乌龟赛跑，第 50 页
牛顿的流数法，第 222 页
莱布尼茨的微分学，第 226 页
莱布尼茨的积分学，第 230 页

公元前 200 年 测量地球 — 1827 年 方程 $z=f(x, y)$ — 1915 年 广义相对论

曲面的曲率

空间解析几何的应用可以追溯到 18 世纪中叶。要在空间中定位一个点，需要使用 x，y 和 z 三个坐标，而不再是平面中的两个坐标。如果说平面曲线可以由方程 $y=f(x)$ 进行形式化定义，那么克莱罗（Clairaut）和欧拉指出，相对规则的曲面则可以由方程 $z=f(x, y)$ 的形式定义。因此，方程 $z=x^2+y^2$ 定义了一个旋转的抛物面曲面。它是由在平面（xOz）中绘制的抛物线围绕 Oz 轴旋转后生成的曲面。

大约在 1760 年，欧拉将曲率的概念扩展到曲面。这一概念在 18 世纪由牛顿引入，用于研究物体在轨迹上的运动，因为按照朴素概念，一条直线的曲率只能为零。高斯指出存在一些曲面的曲率在每个点都相同。右图显示了曲率恒定的 3 个旋转面。左侧的单叶双曲面具有恒定负曲率。中间的圆柱体具有恒定的零曲率。最后，右侧的球体具有恒定的正曲率，其曲率等于它半径的倒数。而平面的曲率始终为零。

高斯指出当曲面的曲率恒定时，可以通过测量这个曲面来确定曲率。如果曲率是正数，在这个曲面上绘制的三角形的内角和将始终大于 180° 。如果它是负数，这一内角和将永远小于 180° 。在曲率为零的表面上，它正好等于 180° 。

曲面曲率的概念在今天的宇宙学中至关重要。因为在广义相对论的背景下出现了一个问题：宇宙是平直的还是有弯曲的？

这个核电站的烟囱是双曲面的。

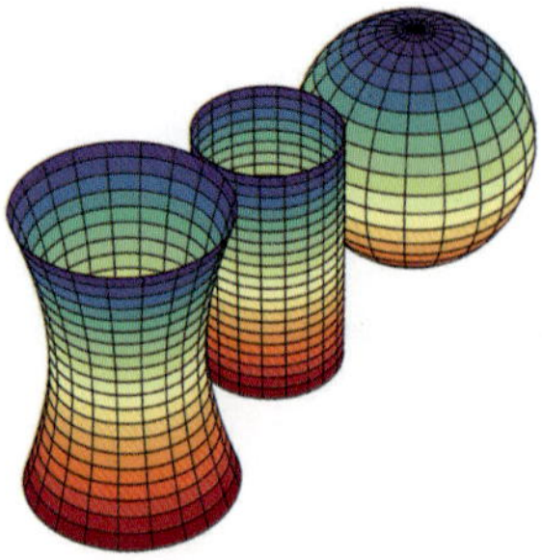

3 个曲面，3 种曲率

另请参阅

曲面的测地线，第 278 页
莫比乌斯带，第 296 页
宇宙是一个超球体吗？第 318 页

曲面的测地线

高斯在1827年出版的《曲面综合研究》(*Recherches générales sur les surfaces courbes*)中定义了3个新概念，这些概念在他之后被广泛用于数学和宇宙学。

首先，如果曲面足够规则，就可以建立曲面坐标。因此，我们需要在曲面上绘制两组曲线，正如用来定位地球表面坐标的经线和纬线。那么，曲面上的每个点都可以由坐标 x 和 y 定位（右图）。

其次，在使用正交坐标系的平面中，通过勾股定理很容易计算出任意两点M（x，y）和M'（x'，y'）的距离 MM'，即 $MM'^2=(x'-x)^2+(y'-y)^2$。高斯指出只要曲面足够“规则”，确定度量后，曲面上也能做同样的事。也就是说对于曲面而言，存在一个已定公式，正如毕达哥拉斯定理之于平面。由于曲面的度量由2个无限接近的点M（x，y，z）和M'（$x+\Delta x$，$y+\Delta y$，$z+\Delta z$）定义。因此，高斯的研究工作催生了几何学的新分支——微分几何。

最后一个概念，即测地线，通俗讲就是“直线”或“曲面上最短路径”的概念。假设在曲面上 A，B 两点之间拉上一条线，使其贴合曲面上能接触的每一个点。通过贴合曲面，我们得到了一段以 A，B 为端点的曲线弧。这段弧线的长度就代表 A 和 B 两点之间在曲面上的最短路径，也就是曲面的测地线。任何曲面的测地线性质是通过计算由曲面定义的度量衡来确定的。

20世纪，广义相对论背景下宇宙模型的选择是基于度量衡。

“旅行者2号”探测器发射后仅受引力作用。在时空测地线的作用下，它将沿线飞越土星附近。

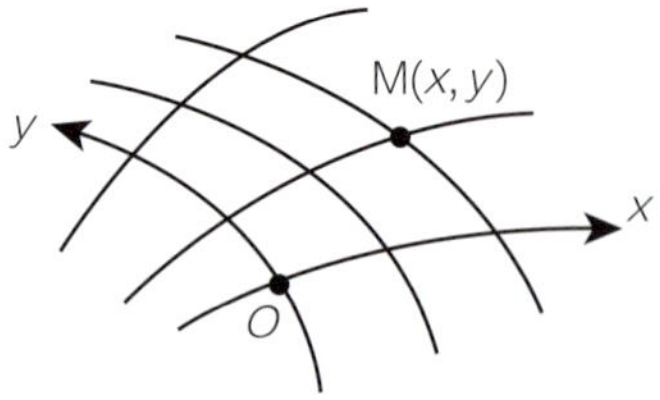

曲面上的坐标

另请参阅
曲面的曲率，第276页
莫比乌斯带，第296页
宇宙是一个超球体吗？第318页

两位倒霉的数学家

挪威的尼尔斯 · 阿贝尔（Niels Abel）出身于一个非常贫穷的家庭。在教授们的资助下，他于 1821 年被奥斯陆大学录取。1826 年，他先后去了丹麦、柏林，最后到了巴黎，在那里他向科学院提交了一篇论文。这篇论文证明了高于四次的一般代数方程没有一般形式的代数解，因为这涉及它们的系数。不幸的是，本该对这篇论文批注的柯西却将它遗忘在抽屉里蒙尘！而阿贝尔因患肺结核于 1829 年去世。

法国的埃瓦里斯特 · 伽罗瓦（Évarsite Galois）与阿贝尔研究的主题相同，却并不比阿贝尔幸运多少！他作为路易勒格朗中学[①]的学生，虽然没能通过巴黎综合理工学院的入学考试，却考入了预科学校——未来的高等师范学院。在柯西的鼓励下，他写了一篇《关于根式方程可解性条件》的论文，以此来竞争 1830 年科学院数学大奖。傅立叶（Fourier）带走了他的手稿，却在不久后去世了，手稿也因此遗失。该奖项于 1830 年 6 月 28 日颁发给了德国的卡尔 · 雅各比（Charl Jacobi），并追授给尼尔斯 · 阿贝尔。

1830年七月革命后，伽罗瓦加入了人民之友协会[②]。很快，他被学校开除，但伽罗瓦仍然向科学院提交了遗失论文的新版本。论文却以难以理解为由被拒。

1831 年，伽罗瓦入狱，原因是他发表了有关反对路易 · 菲利普国王的共和党言论。1832 年，他被卷入一场决斗，原因尚无定论。5 月 29 日，决斗前夕，伽罗瓦意识到死亡将至，他整理了自己的研究成果，然后请求他的朋友奥古斯特 · 谢瓦利埃“公开要求雅各比或高斯就他遗作的重要性发表意见”。伽罗瓦在决斗中身受重伤，于 1832 年 5 月 30 日去世。

伽罗瓦去世 10 年后，当时最伟大的数学家们对他的研究交口称赞，并由此开创了群论。

1830 年 7 月 28 日在市政厅前的战斗，让 - 维克多 · 施内茨（Jean-Victor Schnetz）绘制的布面油画，1833 年。

另请参阅

- 奥马 · 海亚姆——诗人、数学家，第 128 页
- 虚数的发明，第 172 页
- 埃尔兰根纲领，第 298 页
- 魔方，第 334 页

---

① 也称路易大帝高中，以其出色的教学质量和优秀的学生生源而闻名，其中包括中学教育（99% 的高中毕业率）和文、理、商三科的预科。——译者注

② 人民之友协会是“光荣的三日”（七月革命）时期成立的共和协会。——译者注

1643年 费马定理

1831年 索菲·热尔曼的研究成果

2014年 首位菲尔兹奖女性得主

索菲·热尔曼，别名勒布朗先生

自从 13 岁接触数学后，索菲·热尔曼（Sophie Germain）通过阅读牛顿、欧拉和勒让德的著作自学成才。1794 年，18 岁的她为了攻读新开办的巴黎综合理工学院（该校不收女生）的数学课程，将自己取名为勒布朗先生，并与教授分析学的拉格朗日通信。当拉格朗日发现勒布朗先生实际上是索菲·热尔曼时，他成了这个女孩的朋友和导师。

1801 年，索菲·热尔曼阅读了卡尔·弗里德里希·高斯（Carl Friedrich Gauss）的《算术研究》(*Disquisitiones arithmeticae*)。1804 年至 1809 年间，她给高斯写了 12 封信，所有信件都以笔名勒布朗落款。索菲·热尔曼还同高斯谈到自己的研究结果，这一结论正是后来的“索菲·热尔曼定理”，是证明费马大定理的重大进步。勒让德用它来处理 $n=5$ 的情况。

1806 年，当拿破仑入侵普鲁士时，索菲·热尔曼请求保证高斯的安全。当高斯得知勒布朗先生的真实身份时，他写道：“当得知我一向尊敬的勒布朗先生竟是如此杰出的一位女性时，您可以想象我的惊讶和钦佩之情了……在世俗偏见中，女性在如此艰难的研究中要驾轻就熟，势必要遇到比男人多得多的困难和阻碍。翻越重重壁垒，窥探到深藏的真理无疑需要高尚的勇气，超凡的智力和极高的天分。”

1831 年，索菲·热尔曼在巴黎的家中去世。她被安葬在拉雪兹神父公墓。在 1831 年的死亡证明中，她被认定为年金领取者而不是科学家。“科学无关乎女人！”开具证明的公务员如是说。

直至近代，女画家依然很少，且往往局限于非主流学派。著名肖像画家伊丽莎白·维热·勒布伦（Élisabeth Vigée Le Brun）多次创作自画像。

另请参阅

算术的复兴，第 210 页

费马－怀尔斯定理，第 342 页

知识链接

商务出行者的难题

如果某位商务出行者需要出访一定数量的城市，每座城市仅停留一次，随即便返回出发点，那么他应该以什么顺序访问这些城市才能尽量减少旅途的总距离？1832 年的商务出行者目录提到了这个问题，然后给出了一些途径德国和瑞士的例子。

这个问题在如今的运筹学和物流的背景下有很多应用：校车、城市垃圾清除、邮件分发、电网设计等，但它比看起来要复杂得多，因为可能的路径数会随着要访问的城市数量 n 迅速增加。例如，假设 $n=10$，有 181440 种可能。$n=15$ 则有 43589145600 种可能。

如果 n 的数量稍微大一点，我们就无法在合理的时间内给出精确的解决方案。假设计算机算出路径长度所需的时间为一微秒，同样条件下，$n=10$ 的计算需要 0.18 秒，但 $n=15$ 的计算时间要 12 小时有余，而 $n=20$ 的计算时间将超过 1900 年。

通过研究垃圾收集车的路线来尽可能地减少行驶距离。

1687 年
平行四边形法则

1839 年
格拉斯曼与向量

1873 年
麦克斯韦运用向量

向量的发明

从本质来说，向量是一个具有方向、意义和长度的数学对象。甚至在这个词出现之前，罗贝瓦尔和瓦里尼翁（Varingnon）就运用平行四边形法则来将两种力“相加”。同样，牛顿也曾将两个不同方向的速度“加起来”（右图）。

直到 19 世纪，向量和向量计算的概念才被定义。1835 年，爱尔兰人威廉 · 罗恩 · 哈密顿证明了复数 z 可以用一对实数 x 和 y 来表示。将 i 记作（0，1），而将 −1 记作（−1，0），可得 $i^2=(0,1)\times(0,1)=(-1,0)$，由此可推等式 $i^2=-1$。因此，任何复数都可写作 $z=x+iy$。复数的这一定义使得代数运算应用于平面几何成为可能。

为了将这种运算推广到整个空间，哈密顿随后尝试构造四元数，也就是某种程度上的“超级复数”。运用三元数失败后，他又有了使用四元数（w，x，y，z）的想法。通过三元数 $i=(1,0,0)$，$j=(0,1,0)$ 和 $k=(0,0,1)$ 以及关系式 $i^2=j^2=k^2=ijk=-1$，他终于在 1843 年成功地证明了任何四元数都可以写成 $w+xi+yj+zk$。在这篇文章中，哈密顿区分了纯量 w 和他称为向量的 $xi+yj+zk$。也就是说，四元数是由一个纯量和三个向量形成的一对组合。

事实上，早在 1839 年格拉斯曼（Grassmann）就在其著作中以一种非常接近如今所用的方式，完全定义了平面和空间的向量与向量运算，然而他的研究在 20 多年中无人问津。直到 1873 年詹姆斯 · 克拉克 · 麦克斯韦（James Clerk Maxwell）的论文《论电与磁》再版时，格拉斯曼的思想才被接受。为了著书立说，这位苏格兰物理学家和数学家在自己的研究中广泛运用了格拉斯曼的向量运算。

得益于麦克斯韦，向量运算被物理学界采纳。自 20 世纪初始，“向量空间”的研究成为数学和物理学的一个重要分支。

用向量来表示气旋在不同点的风的方向。它们形成一个“向量场”。

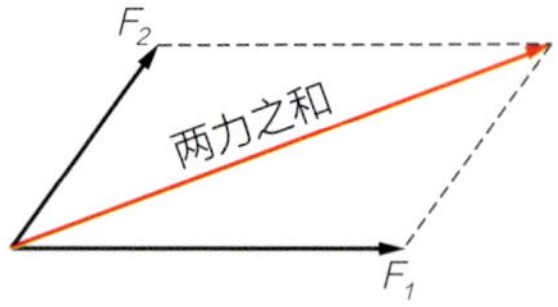

两个不同方向的力与向量

另请参阅
虚数的发明，第 172 页
埃尔兰根纲领，第 298 页
大卫 · 希尔伯特的新公理，第 308 页

罗巴切夫斯基几何

19 世纪，数学家们不断尝试解决欧几里得第五公设。这条公设的内容是：给定一条直线，通过此直线外的任何一点，有且只有一条直线与之平行。这个假设无法证伪吗？

1829 年，俄罗斯数学家尼古拉 · 伊万诺维奇 · 罗巴切夫斯基（Nikolai Ivanovitch Lobatchevski）反设：过直线外一点，有无数条平行于这条直线的直线。他以此假设为起点展开推演，期望得出一个矛盾的结果来证明这一假设的错误。然而正相反，他建立了一套不同寻常但是完整严密的新几何。1837 年，罗巴切夫斯基以《虚几何学》为名发表了自己的第一篇文章，然后于 1840 年发表了第二篇。在他之前，1832 年，匈牙利人亚诺什 · 鲍耶（János Bolyai）几乎以同样的方式独自完成了推演。

由罗巴切夫斯基和鲍耶定义的几何形状是所谓的双曲线。早在 1813 年，高斯就提出可能存在除欧几里得几何以外的其他几何。然而惧于愚人“嘴炮”，他没有发表自己的思考结果。

庞加莱圆盘（右图）是双曲平面的模型之一。这一“平面”的点属于一个开放的圆盘。圆盘上的“直线”是和圆盘内与其边缘垂直相交的圆弧。在图中，d_1，d_2 和 d_3 都是“直线”，但 d_3 与 d_1，d_2 既不相交也不平行。在庞加莱圆盘中，距离永远存在，人们可以无限接近圆盘的边界却无法抵达。因为随着物体不断趋近边界，自身的“尺寸”也会不断变小。

这种双曲平铺由多边形构成，当多边形接近圆盘边缘时，尺寸会逐渐减小。

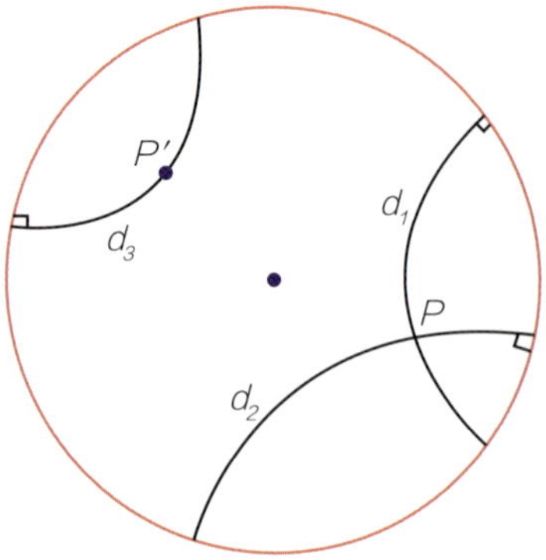

庞加莱圆盘

另请参阅

▶ 黎曼的曲面空间，第 292 页
▶ 非欧几何一例，第 294 页
▶ 绘制超立方体，第 302 页
▶ 宇宙是一个超球体吗？第 318 页

布尔运算

17 世纪，莱布尼茨就想创建一种使用文字和符号的“运算”。19 世纪，英国人乔治 · 布尔（George Boole）重拾了这一想法。

1847 年，布尔在奥古斯特 · 德 · 摩根的鼓励下，出版了《逻辑的数学分析——论演绎推理的演算法》，当时的摩根正在研究相关学科。在这部作品中，乔治 · 布尔证明了逻辑推理可以用类似于代数的数学规则和运算来描述，在他看来“该作品的目的是研究思维推理的基本规律，并用运算的符号语言表达，然后在此基础上建立逻辑学”。

布尔创建了一个只有 0 和 1 两个数值的二元代数，如今称为布尔运算。这个代数表示命题，也就是能够判断真假的句子。因此，每个命题存在其否命题。命题的双目运算是“或”和“与”，类似于数字的加法和乘法，因而简单命题可以构成复合命题。例如，如果 p 和 q 是两个任意命题，通过布尔运算可以确定由这两个命题或它们的否命题组成的复合命题在何种情况下为真或为假。

20 世纪，布尔运算广泛应用于“逻辑”电路设计来保证计算机的正常运转。在这些电路中，数值 0 和 1 可以代表两种不同电压，抑或是电流通过与否。

刘易斯 · 卡罗尔与乔治 · 布尔同时代，也是一位数学家和逻辑学家。他以撰写《爱丽丝梦游仙境》而闻名。1866 年，约翰 · 坦尼尔（John Tenniel）为这本书绘制插图。

另请参阅

▶ 莱布尼茨和二进制计数法，第 238 页
▶ ENIAC——世界上第一台电子计算机，第 326 页

黎曼的曲面空间

伯恩哈德·黎曼出生于德国汉诺威附近，先后在柏林和哥廷根学习数学。1854年，他参加了论文答辩，并向主席团提出3个题目。此次答辩会由高斯主持，他选择了《论作为几何基础的假设》作为答辩题目。

黎曼首先回顾了几何学一直被认为是空间科学。数百年来，几何学定理一直是从欧几里得公理中推导而出，然而这些公理的基础却不甚明晰。它们从何而来？为什么选择它们？它们是唯一可能的吗？黎曼完全颠覆了这些传统表达，他没有将自己的研究建立在欧几里得公理和著名的平行公理上，而是选择了一种完全不同的思维模式，即考虑 n 维空间的情况。在这个空间中，每个点可以被 n 个坐标定位。

黎曼表明，这种空间中的几何是由其度量形式定义的，也就是说，由一个数学公式定义。从某种程度来说，这个公式扩大了毕达哥拉斯定理应用范围，而且使得计算两个无限接近点的距离成为可能。他还推广了高斯提出的曲率概念，并将几何分为3组：负曲率空间是双曲几何，正曲率空间是球面几何，曲率为零的空间是欧几里得几何。黎曼还对物理空间的性质提出质疑，他不断追问欧几里得几何能够完美解释物理空间的必然原因是什么？事实上，空间几何是一定能被经验验证的几何。

欧几里得几何在局部似乎得到了很好的验证，但没有证据表明它在大范围内仍然适用。1915年，在广义相对论的背景下，阿尔伯特·爱因斯坦（Albert Einstein）运用黎曼的思想定义了时空的几何性质。

一座充满曲线的雕塑。

另请参阅

曲面的曲率，第276页
罗巴切夫斯基几何，第288页
非欧几何一例，第294页
绘制超立方体，第302页
宇宙是一个超球体吗？第318页

非欧几何一例

希腊人梅涅劳斯和喜帕恰斯创建了球面几何，而且为了满足天文学家、地理学家和航海家的需要，球面几何不断发展。在黎曼和高斯之前，没有几何学家会想到应用于球面的几何完全不同于欧几里得几何。然而，这完全有可能，只要人们能接受修改某些定义和公理。

让我们从直线的概念入手。平面的测地线是直线，在球面上却并非如此，因为从一个点到另一个点的最短路径是通过这两个点的一段圆弧。既然球面上的圆弧就是球面的测地线，因此我们可以认为这些圆弧就是球面几何中的“直线”。当然，球面的“直线”和平面的“直线”之间存在很大差异。

- 在平面中，穿过平面中两个不同点的直线有且只有一条。这在球面上就不是永远适用，因为穿过不同两点的线可能有无数条。例如，通过北极和南极的“线”。

- 不像平面的“直线”可以无限延伸，球面上的“直线”是有限的，但我们可以经过“终点”却不停止。

- 与平面中的情况不同，球面上的两条不相交的“直线”未必“平行”。

平面几何图形和球面几何图形的性质也存在很大差异。

- 在球面上，有些三角形可能有 2 个直角，甚至是 3 个直角。

- 三角形的 3 个内角和始终大于 180°，但没有恒定数值，因为这取决于三角形的面积和球体的半径。

- 在球面上绘制的圆的周长始终小于在平面上绘制的相同半径的圆的周长。

从一块大陆到另一块大陆，飞机必须选择最短路线。由于地球是球形，这条路线不可能是条直线。

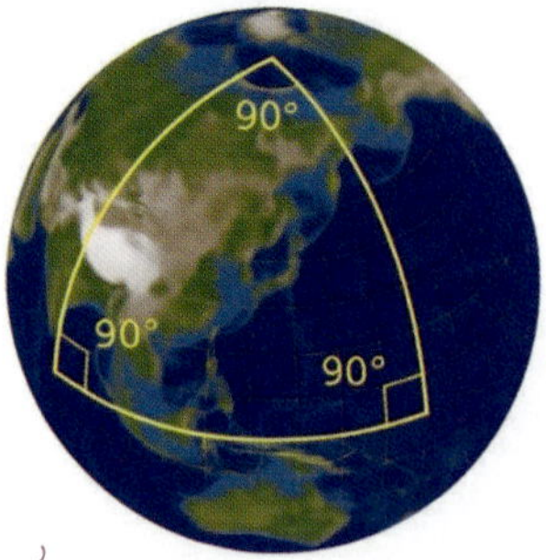

一个球面三角形（它在平面中不存在，因为它有 3 个直角，而且 3 个内角和等于 270°）。

另请参阅
球面几何学，第 94 页
曲面的曲率，第 276 页
黎曼的曲面空间，第 292 页

莫比乌斯带

要做莫比乌斯带，首先要用柔软的纸剪出一个长方形。长方形的长度必须大于其宽度乘以$\sqrt{3}$才能使这一结构成立。

（1）将带子的一端放在另一端上方形成一个纸环；

（2）将上面的这一段扭转半圈，以便将其放在另一端上，然后黏合。

您会发现这样形成的曲面只有一个面和一个边。从任意点 P 出发，只需沿着带子绕完一圈即可重新返回点 P。例如，昆虫可以从表面上的任意一点移动到其他任意点，无须跨过边界。如果想给莫比乌斯带上色，您会发现只需要一种颜色就足够了，因为只有一个面。如果我们画出带子的中轴线，然后用剪刀沿线剪开，我们会得到……一条半宽的带子！然而，如果我们从带宽的$\frac{1}{3}$处剪开，我们会得到一大一小两条交错的带子！

德国数学家奥古斯特 · 莫比乌斯（August Möbius）是射影几何专家，他于 1858 年发现了这条著名的丝带。莫比乌斯带（右图）是第一个已知的单侧单边曲面。对纸条进行奇数次的扭曲（每次半圈）也可以得到其他变体。

除了在数学方面的贡献，莫比乌斯带在 19 世纪投入工业应用。一些机器上的皮带都被设计成莫比乌斯带的形状来避免带子两侧被同时磨损。

莫比乌斯带作为无限的象征，吸引了众多雕塑家。

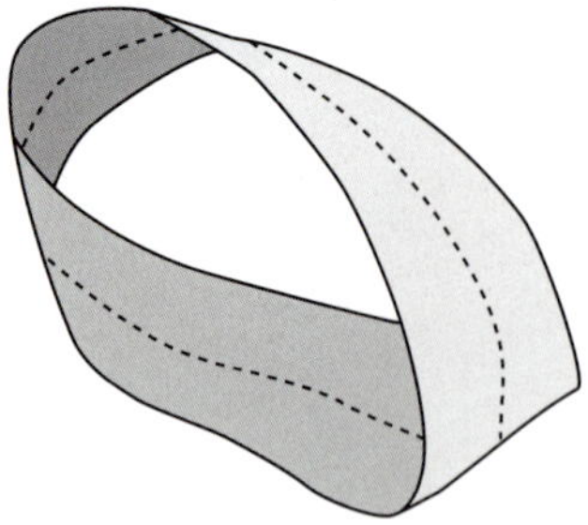

莫比乌斯带

另请参阅
曲面的曲率，第 276 页
曲面的测地线，第 278 页

埃尔兰根纲领

19 世纪，人们的几何观发生了深刻的变化。射影几何的存在和非欧几何的构建都表明欧几里得几何以外的研究方法也是可能的。用亨利 · 庞加莱的话来说，“一种几何并不比另一种更正确，只是更方便而已”。

1872 年，菲利克斯 · 克莱因（Felix Klein）在埃尔兰根大学主持会议并在发言中提出了一种新的几何概念。他的会议发言题目为“关于近代几何研究的比较考察”，目的是比较不同的几何学，挖掘其中的相似性与差别。最终这次会议被载入数学史，史称“埃尔兰根纲领”。

在克莱因之前，几何学被认为是对平面图形和实体特点的研究。此后，几何学成为对几何变换的性质及其应用条件的研究。埃瓦里斯特 · 伽罗瓦于 1831 年引入了群论来研究多项式方程的可解性，克莱因的主导思想正是将这一理论应用于几何研究。他把几何看作是变换群在点的集合中的运动，进而指出变换的特点。例如，在欧几里得几何的群变换中，长度和角度保持不变。在射影几何的群变换中，线保持不变。在射影几何的群变换中，线的平行性保持不变。

20 世纪，布尔巴基①断言：“经典几何作为一个研究领域已经消亡，因为用群论对不同几何学分类，几乎可以自动获得经典几何学的研究成果。”

关于菲利克斯 · 克莱因瓶的描述最早见于 1882 年。它是一个四维空间的曲面。只有它与自身相交，才能在三维空间中呈现，正像两条相交的莫比乌斯带。

另请参阅

▶ 欧几里得——几何学的奠基人，第 60 页
▶ 射影几何的发明，第 206 页
▶ 大卫 · 希尔伯特的新公理，第 308 页

① 尼古拉 · 布尔巴基（Nicolas Bourbaki）是个虚构的人物，是 20 世纪一群法国数学家的笔名，其团体的正式称呼是尼古拉 · 布尔巴基合作者协会，目的是在集合论的基础上，用最具严格性、最一般的方式来重写整个现代高等数学。——译者注

康托尔——无穷与集合

亚里士多德同意“总有一个数字大于给定的数字”，但并不认为存在一个可能包含无穷对象的集合。欧几里得对此表示赞同，并且得出“素数的数量始终大于任意给定的素数数量”。当然，在基督教的世界中，教会肯定认为无穷是专属于上帝的概念。

17世纪，伽利略重新引发了有关无穷的讨论。他指出整数的平方数是可以测算的。他发现整数的平方似乎和整数一样多，但平方数却无法填满整数集！这一观察与欧几里得公理“整体大于部分”相矛盾。

捷克人贝尔纳·博尔扎诺（Bernard Bolzano）在1851年给出了无穷的定义，从而使得消除这一悖论成为可能。他认为，当且仅当集合中的元素与其子集的元素存在“一一对应”的关系，那么该集合拥有无限多元素。直到1872年，这一想法被德国数学家理查德·戴德金（Richard Dedekind）重提。

大约在1874年，另一位德国数学家乔治·康托尔（Georg Cantor）创建了集合论，并引入了无限集合的概念，当时还并未以此命名，只说：它是一个与自然整数集元素同样多的集合。因此这个集合是可数的。然而石破天惊的是，康托尔证明了实数的集合不可数，因为实数比自然数“更多”。1877年，他证明了一条线上的点与一个平面或整个空间中的点一样多。

尽管许多数学家难以接受康托尔的思想，但集合论如今已经成了数学的基础。20世纪60年代，比利时数学家乔治·帕皮（Georges Papy）一直奔走呼号，要求在中等教育中引入集合概念，其地位可见一斑。

图中有各种各样昆虫标本的收藏品。集合的思想来自“收藏”这一直观概念。

另请参阅
欧几里得——几何学的奠基人，第60页
可以用数学论证一切吗？第324页

绘制超立方体

数学家乔治·布尔的女婿查尔斯·霍华德·辛顿（Charles Howard Hinton）在 1880 年出版的一本书中普及了第四维的概念。空间有 3 个维度，空间中的每个点由 3 个坐标定位。那么顺理成章地，我们可以想象一个四维空间，在这个空间中的每个点自然会有 4 个坐标。立方体是三维物体，超立方体是四维物体，困难在于如何表现它！

要在一张纸上绘制透视立方体，可以先画出两个透视面，然后将它们的顶点两两连接（右上图）。虽然立方体的 6 个面实际上是正方形，但一些面必须经过变形才能够画出来。

绘制超立方体也是一样。它由 8 个三维立方体组成，只要进行变形就可以在二维中绘制。先画出 2 个透视立方体，然后将其顶点逐个连接就得到了二维平面中的超立方体（右中图）。

超立方体最常见的表现形式是将一个小立方体放置在一个大的立方体中，小立方体的顶点连接大立方体的顶点（右下图）。这样的表现形式能够更容易观察到一个超立方体是由 8 个普通立方体组成，尽管其中 6 个立方体看起来失真。总的来说，超立方体（也称为四维立方体或多胞体）具有 16 个顶点、24 个正方形面和 32 条长度相同的边。

立方体的图样是包含 6 个面的平面结构，每个面都是一个正方形。超立方体的图样是包含 8 个立方体的三维多面体。1954 年，萨尔瓦多·达利（Salvador Dalí）在他的画中使用了这一图样。

《超立方体》是萨尔瓦多·达利于 1954 年创作的一幅画。它描绘了耶稣被钉在超立方体的三维图案上。画中圣母玛利亚的形象原型是达利的妻子加拉。

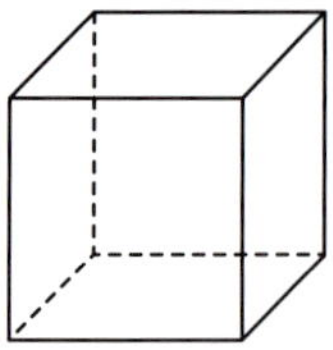

立方体的透视图

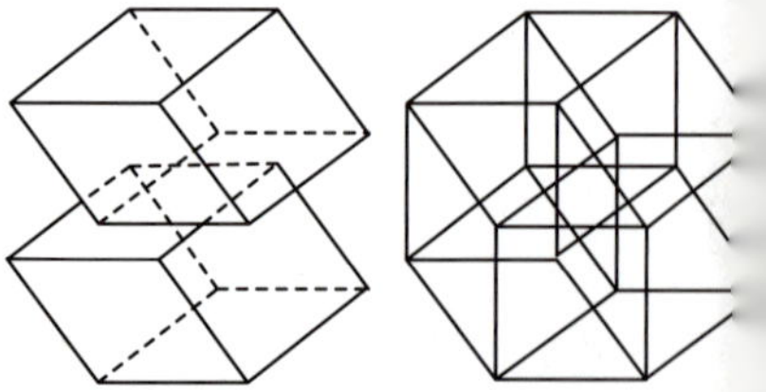

二维平面中的超立方体

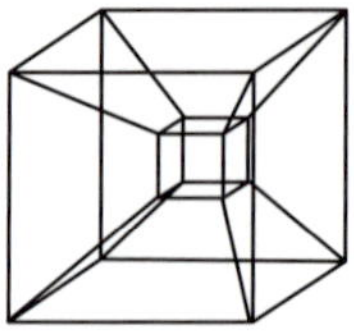

超立方体

另请参阅
▶ 黎曼的曲面空间，第 292 页
▶ 非欧几何一例，第 294 页

98
5
67
40
12
2
6
67
16
18
22
15
18
6
22
93
32
85
32
45
87
13
7
79
24
57
101
76
8
17

知识链接

不同的数集

人类花了将近 5000 年才清楚地了解数字是什么。在巴比伦和埃及，人们使用整数和分数。而在希腊人看来，只有整数才能称为数字。负数的概念最早在中国和印度使用。十进制数由阿拉伯数学家传承。很长一段时间内，像$\sqrt{2}$或$\sqrt{5}$这类数字都没有地位。直到 18 世纪，π 才被认为是一个无理数。

直到 19 世纪末，所有这些数字才被归为不同的集合：N，Z，Q，R 和 C。

朱塞佩·皮亚诺（Giuseppe Peano）选择字母 N 来表示自然数的集合，选择 Q（意大利语单词 quotiente 的第一个字母）表示有理数，因为每个有理数都是两个整数的商。

理查德·戴德金选择字母 Z 表示整数集，它来自德语 *zahlen*，“计数”。实数集由乔治·康托尔命名为 R。

卡尔·弗里德里希·高斯将复数的集合命名为 C，R 是它的子集。

皮亚诺的算术系统

同德国人理查德 · 戴德金一样，来自意大利的朱塞佩 · 皮亚诺（Giuseppe Peano）希望以完全不同的方式为算术打下一个坚实的基础。1889 年，他发表了不止一个，而是 5 个公理完成了这项事业，并将“自然数”“零”和“整数的后继数”作为 3 个主要概念。公理如下：0 是一个自然数 [公理 1]；每个自然数 n，只有一个后继数写作“S（n）”[公理 2]；0 不是任何自然数的后继数 [公理 3]; 具有相同后继数的两个自然数相等 [公理 4]。

皮亚诺补充了第五条公理保证数学归纳法的正确性：如果一个命题被 0 验证为真，又假定它对自然数 n 为真，可以证明他对 S（n）也真，那么该命题对所有自然数都真 [公理 5]。

通常，整数 0、1、2、3 的后继数表示为 1、2、3、4，以此类推。我们还将用到“=”符号和其特性，以及所有逻辑演算规则。在定义了基本公理后，皮亚诺又对整数的加法和乘法作出了规定：对于加法，他给出了以下两种关系：对于任意自然数 n，$n+0=n$ [关系 D1]；对于任意整数 n 和 m，$n+S(m)=S(n+m)$ [关系 D2]。

作为示例，我们用这些公理和定义来证明 1+1=2。首先，我们可以写出 1+1=1+S(0)，根据关系 D2，可写作 1+S(0)=S(1+0)。由关系 D1 可知，S(1+0)=1。由此可推 1+1=S(1)=2……证毕！同理可证整数的结合律和交换律，只是稍有难度。

乘法由另外两个关系规定：对于任意自然数 a，$a\times0=0$[关系 E1]；对于任意自然数 a 和 b，$a\times S(b)=a\times b+a$[关系 E2]。

皮亚诺还因在 1890 年发现的一条连续曲线而闻名，该曲线可以覆盖正方形划定的所有区域。它要经过正方形内的每个点且仅经过一次，这是一条连续的分形曲线，但不可导！

比皮亚诺曲线晚一年出现的希尔伯特分形曲线也能填满一个正方形。

另请参阅

算术学科的诞生，第 46 页
欧几里得与算术，第 62 页
康托尔——无穷与集合，第 300 页

大卫 · 希尔伯特的新公理

欧几里得几何很大一部分是基于图形的相等性。例如，要比较两条直线线段 *AB* 和 *CD* 的长度，需要先在刚性直尺上标记 *E*、*F* 两点，使 *EF* = *AB*，然后将直尺移至线段 *CD*，使点 *E* 与点 *C* 重合；只要点 *F* 与点 *D* 重合，则两条线段长度相等。圆规也可以用来比较长度，先用圆规的两脚标记 *AB* 的间距，然后将圆规移至线段 *CD* 来验证两条线段是否相等。这带来一个循环论证的怪圈，因为要知道两个长度是否相等，我们需要可移动的刚性工具。所谓刚性工具，就是工具上这些点的间距在运动过程中不发生改变！换句话说，两长度相等的定义来自……等长的概念！

1899 年，德国最伟大的数学家之一大卫 · 希尔伯特（David Hilbert）在《几何基础》（*Foundations of Geometry*）中指出了这个问题。他还表明，欧几里得几何是基于一些隐含的假设，而这些假设并不在其公理和公设列表中。为了弥补这一缺憾，希尔伯特建议先承认这些补充假设为真，然后建立一个新的公理体系。

他将这些公理分为如下 5 组：

- 8 条关联公理阐明了点、直线和平面概念之间的联系；
- 4 条顺序公理定义了术语“介于”，并且规定了并列点的顺序；
- 5 条全等公理定义了相等和位移的概念；
- 平行公理与欧几里得第五公理相同；
- 2 条连续公理。

这套严谨的欧几里得几何公理体系成为后来公理建立的参照，例如，1933 年由苏联人安德雷 · 柯尔莫哥洛夫（Andreï Kolmogorov）建立的概率论公理。

《被一只飞起的非欧几里得几何的苍蝇所惊呆的年轻人》，马克斯 · 恩斯特（Max Ernst）绘，1942 年。

欧几里得——几何学的奠基人，第 60 页
康托尔——无穷与集合，第 300 页
可以用数学论证一切吗？第 324 页

Sale
Buy
Grow
Gold
Platinum
Silver
Copper
Steel
Beryllium
Manganese
Aluminum
Chrome
Nickel
Bauxite
Cotton
Flax
Wool
Fur
Sateen
Silk
Oil
Gas
Electric power
$900.00
$800.00
$700.00
$600.00
$500.00
$400.00
$300.00
$200.00
$100.00
$625.00
$375.00
$285.00
$300.00
$250.00
$200.00
$150.00
$50.00
Cotton
Flax
1/15/2008
1/17/2008
1/19/2008
4/15/2010
4/17/2010
4/19/2010

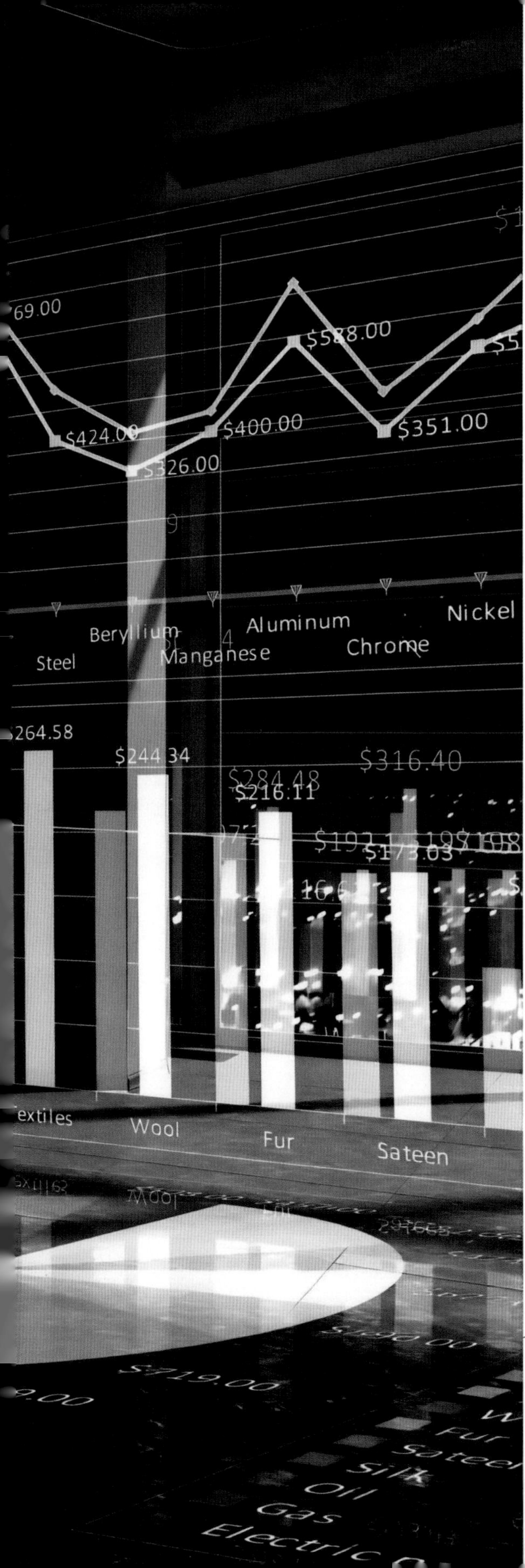

小 结

19 世纪，随着工业和技术革命的发展，数学和物理学在欧洲的地位变得越来越重要。法国、德国和英国仍是数学活动中心，但德国逐渐强势崛起。数学研究将第一次建立在国家基础上。

19 世纪不仅是一个严谨的时代，也是一个动荡的时代。伽罗瓦和阿贝尔的研究工作在为求解代数方程问题画下句号的同时，也激发了群论和代数的研究。

在几何学中，尤其是非欧几何的发现，标志着新的数学精神的出现。

19 世纪末期，希尔伯特向数学基础提出坚实性发问。在他看来，欧几里得对公理的选择并不十分严谨。

随着社会的发展，19 世纪出现了两大重要理论：法国学者拉普拉斯的概率论和比利时学者阿道夫 · 凯特勒的统计学。

康托尔的集合论几经修改，终于消除悖论并最终取代了算术和几何成为数学的基础。1933 年，安德雷 · 柯尔莫哥洛夫完成了概率论的公理化。

一些新理论诞生。例如，由亨利 · 庞加莱在 20 世纪 70 年代研究太阳系稳定性之后发展起来的混沌理论。1975 年，伯努瓦 · 曼德博（Benoît Mandelbrot）发明了分形几何。

得益于几部用集合论阐述当代数学的著作，1935 年成立的尼古拉 · 布尔巴基（Nicolas Bourbaki）团体对数学的发展及教学（著名的“新数学运动”）产生了重大影响。

几个世纪以来的猜想终于被证明：开普勒关于相同球最密堆积方式的猜想、四色猜想等。但最重要的是，安德鲁 · 怀尔斯（Andrew Wiles）证明了费马大定理！

此外，计算机运算工具发挥着越来越重要的作用。

1901年 1995年

20世纪
——集合论成为数学的基础

理发师悖论

1879 年，戈特洛布·弗雷格（Gottlob Frege）指出人们无法接受自相矛盾的数学理论。如果这样的话，一个命题和它的否命题可能同时成立，那么这一理论将因此失去意义。

20 世纪初，英国哲学家和数学家伯特兰·罗素（Bertrand Russell）开始研究康托尔尚未公理化的全新集合论，以寻找可能存在的矛盾，而且他找到了！

若将所有不是自身元素的集合构成集合 E，那么问题来了：E 能不能构成自身的元素呢？假如答案为“是”，那么 E 不属于 E，假如答案“否”，那么 E 属于 E！这个悖论表明，康托尔集合论的某些预设是不对的，必须纠正。

我们再看看罗素悖论的变体，也许更能说明问题。第一个变体是由罗素本人提出的理发师悖论。在一个村庄里，有位理发师只给村里所有不给自己刮脸的人刮脸。那么谁来给理发师自己刮脸呢？如果他不给自己刮脸，这位理发师就必须给自己刮脸。但如果他给自己刮脸，他又不该给自己刮脸！

罗素悖论的第二个变体是由美国科普作家马丁·加德纳（Martin Gardner）于 2006 年提出：是否有可能列出一个包含所有没有列出自己目录的目录，而且只包含这些目录？答案是否定的，因为这个目录既不能列出也不能不列出！

1908 年，恩斯特·策梅洛（Ernst Zermelo）创建了集合论的第一个公理体系，目的就是消除罗素悖论。其中一条公理就规定了集合不能是自身的元素。因此，不存在包含一切集合的集合。

罗素当然没有想到理发师会有双胞胎，甚至是三胞胎在店里！

另请参阅
- 欧几里得——几何学的奠基人，第 60 页
- 康托尔——无穷与集合，第 300 页
- 可以用数学论证一切吗？第 324 页

马尔可夫链

安德雷·马尔可夫（Andreï Markov）是伟大的俄罗斯数学家切比雪夫（Tchebychev）的学生，他认为概率方法可以应用于多状态下存在的复杂系统。只要了解从一种状态过渡到另一种状态的概率，就可以预测系统的演变。他在1916年发表了第一篇这个主题的文章。

例如，在一座拥有4000名居民的城市中发生传染病，我们可以做出以下假设：①疫情初期，没有人生病；②每月每个健康人被传染的概率为0.03；③患者康复的概率为0.05；④整个疫情期间，城市的居民人数没有变化。那么，每个城市居民都可能有两种状态，可以记为A（患病状态）和S（健康状态）。右图显示了一个人从一种状态转变至另一种状态的概率。

月复一月，为了研究有多少人生病，有多少人健康，我们将第n个月的患者数量记为a_n，健康人数量记为b_n。可以用算式表示为：$a_{n+1}=0.95a_n+0.03b_n$，而$b_{n+1}=0.05a_n+0.97b_n$且$a_{0}=0$，$b_{0}=4000$，无论n值为何，$a_n+b_n=4000$。

一个简单的计算机程序就可以逐月计算a_n和b_n的值，我们会发现患者人数在大约75个月后将最终稳定在1500人。

这是一个非常基础的例子，由此可以建立各种流行病传播模型。如今，这种运算的应用相当广泛。在生物学中，马尔可夫链用于研究动物种群动态。在商业领域中，它可以预测人事变动、建立信用借贷和还款的风险评估。

当像Covid-19这样的疫情暴发时，流行病学模型对研究病毒传染起着关键作用。

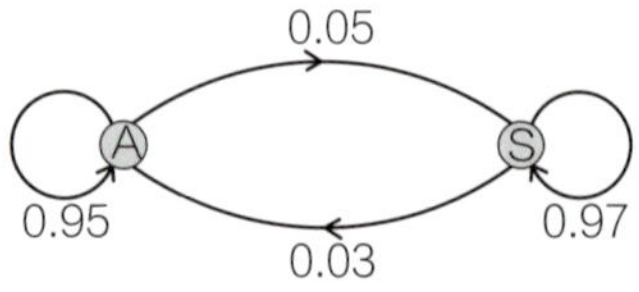

一个人从一种状态到另一种状态的概率

另请参阅

概率计算的诞生，第218页
拉普拉斯概率论，第270页

宇宙是一个超球体吗?

超球体的定义源于黎曼的研究。正如二维平面上的球是三维球的边界一样，超球体的三维表面由四维的超球体边界构成。

在普通三维空间中，以 O 为中心点和 r 为半径的球体是空间中所有距离点 O 距离为 r 的点的集合。同理在四维空间中，距离点 O 距离为 r 的所有点的集合构成了以 O 为中心和 r 为半径的超球体。普通球体和超球体的方程表达式分别为 $x^2+y^2+z^2=r^2$ 和 $x^2+y^2+z^2+t^2=r^2$。

在普通空间中，如果球体方程中的 z 值可以在 $-r$ 至 r 之间变化，我们得到无穷多堆叠起来的圆的方程，其半径从 0 增加到 r，然后从 r 减小到 0。x 或 y 在 $-r$ 和 $+r$ 之间变化，另外两个方向上也会得到同样的效果。因此，一个普通球体是由 3 个在 3 个方向上堆叠在一起的圆形家族构成。

同样地，超球体由 4 个普通球体家族构成，这些球体在四维空间的 4 个方向上相互堆叠。这些球体的半径从 0 增加到 r，然后从 r 减小到 0。我们可以在普通球体上绘制经纬线，因此，在超球体上也可以画出经线、纬线和超经线，这些线条都是圆形。

1917 年，爱因斯坦在建立广义相对论时，想到宇宙是有限和静态的，因此可能是一个超球体形状。在这种情况下，一束“直线”传播的光线会绕上一圈最终回到原点。然而 1929 年，爱因斯坦不得不放弃了对这一模型的研究。

1914 年开始，人们已经认识到宇宙中除了银河系之外还有其他星系。从那时起，人类不禁想象宇宙会是什么形状，它是牛顿想象的无限，还是爱因斯坦想象的有限?

另请参阅

- 球面几何学，第 94 页
- 曲面的曲率，第 276 页
- 曲面的测地线，第 278 页
- 黎曼的曲面空间，第 292 页

DVRCH DEN
WILLEN DES
VOLKES

知识链接

国际数学家大会

1897 年，菲利克斯 · 克莱因和乔治 · 康托尔提出了邀请全球数学家齐聚一堂的想法。首届国际数学家大会于 1897 年在苏黎世举行，来自 16 个国家的 208 位数学家出席了会议，其中俄罗斯数学家 12 人，美国数学家 7 人。

第二届大会于 1900 年在巴黎举行，会上希尔伯特列出了著名的 23 个未解问题清单。在他看来，这些问题应当成为新世纪研究的主题。

国际数学联盟成立于 1920 年，此时距第一次世界大战结束仅过去两年，德国未被邀请参会。联盟负责每 4 年组织一次国际数学家大会。每次大会都会邀请当时最杰出的数学家演讲，因而备受关注。1924 年，大会由约翰 · 夏尔 · 菲尔兹（John Charles Fields）组织，菲尔兹奖（Fields Medal）正是以他的名字命名，此次国际数学家大会在加拿大举行，德国仍未受邀。直到 1928 年，德国才被允许参会。第二次世界大战前的最后一届国际数学家大会于 1936 年在奥斯陆举行，此后直到 1950 年国际数学家大会才恢复召开。

1932 年在苏黎世举行的国际数学家大会与会者合影。约翰内斯 · 迈内（Johannes Meiner）摄。

星际航行

1903 年，康斯坦丁 · 齐奥尔科夫斯基（Konstantin Tsiolkovski）出版了《利用喷气工具研究宇宙空间》，航天理论随之诞生。这本书解释了火箭发动机的工作原理，提出了这门新科学的基本公式，而且已经出现了关于分段式火箭的描述。直到 1923 年前后，德国人赫尔曼 · 奥伯特（Hermann Oberth）才制造出第一组火箭。1925 年，德国工程师沃尔特 · 霍曼（Walter Hohmann）研究了前往太阳系行星的问题。他指出，最节省燃料的变轨方式就是将火箭变成太阳的一颗卫星，然后使其沿着椭圆形的轨道变轨。

1925 年前后，通过齐奥尔科夫斯基的研究，人们才了解火箭需分段制造。

右图显示了火箭到达火星必须遵循的轨迹。火箭发射时，地球和火星应分别处于 T_1 和 M_1 的位置。这个“发射窗口期”大约每两年一次。当火箭抵达火星时，火星运动至 M_2，地球至 T_2。火箭将运行半个轨道，这一过程将持续 259 天。20 世纪和 21 世纪发射到火星的所有火箭都将用到这一经济的霍曼转移轨道。

一般来说，设太阳与目标行星之间的距离为 d，可以用公式 $T=\frac{365.25}{2}\sqrt{\frac{(1+d)^3}{8}}$ 计算出行程所需时间 T。在这个公式中，d 使用天文单位（1 个天文单位，缩写为 1A.U.，代表从地球到太阳的距离，大约 1500 000 000 千米），T 以年和天为单位。运算结果显示，去往金星需要 146 天，而到达土星则需要 6 年零 30 天。

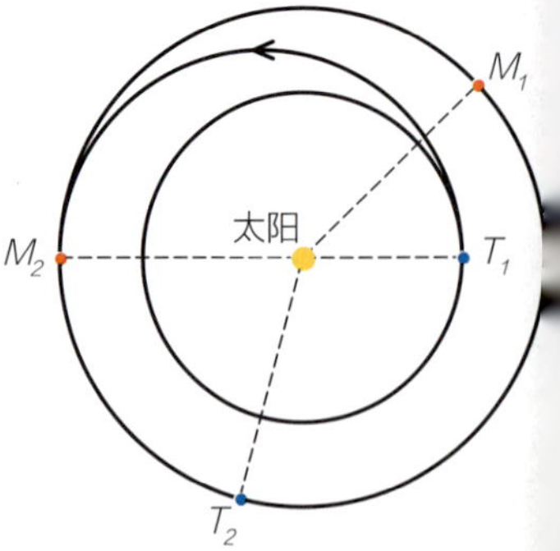

火箭发射和抵达时火星和地球的位置

另请参阅
圆锥曲线，第 56 页
开普勒第三定律，第 200 页
五个拉格朗日点，第 258 页

可以用数学论证一切吗?

1900 年，在第二届国际数学家大会上，希尔伯特列出了一个清单，里面囊括了迄今为止一直困扰着数学家的 23 个问题。

其中第二个问题是：能否证明算术的相容性？换句话说，能否证明算术互不矛盾？捷克出生的奥地利数学家库尔特·哥德尔（Kurt Gödel）于 1931 年在维也纳提出了两个不完备定理，就这一问题给出了答案。

哥德尔第一定理指出，使用逻辑的理论必然是“不完备”的。这意味着存在一些无从判定的论述，它们无法证实也无法证伪。如果一段论述能够从理论公理中推导出来，那么它是可证的。反之，如果推导出它的否命题，那么它可以被证伪。1936 年，美国数学家阿朗佐·丘奇（Alonzo Church）证实：即使是皮亚诺的公理化算术体系也是不完备的。

哥德尔第二定理指出，仅靠算数系统的公理和定理无法证明其相容性。他概括地指出，没有一个相容的理论“能证明其自身的相容性”。

1937 年，哥德尔研究了康托尔的连续统假设。这位德国数学家曾推测，没有介于自然数集合和实数集合中间的无穷大。1963 年，美国人保罗·科恩（Paul Cohen）证明，这种说法在集合论的背景下无法判定[①]。

1940 年，哥德尔为了躲避纳粹离开了奥地利，移居美国。在朋友爱因斯坦的推荐下，他成了普林斯顿大学的教授。

这幅图可以看作是缺了一角的立方体，抑或是放在大半立方体内的小立方体。那么它到底是什么呢？结果无法判定，因为我们可以同时看到这两种视角！事实上，甚至还存在第三种视角！

另请参阅

欧几里得——几何学的奠基人，第 60 页
皮亚诺的算术系统，第 306 页
理发师悖论，第 314 页

① 他凭借此证明在 1966 年获得了菲尔兹奖，这是数学家的最高荣誉之一。——译者注

ENIAC——世界上第一台电子计算机

这台名为 ENIAC 的巨大机器由宾夕法尼亚大学在 1943 年 7 月至 1945 年 9 月期间秘密建造，它重达 30 吨，占地 135 平方米。鉴于弹道学研究实验室的需要，美国陆军资助了 ENIAC 的建造。1946 年 2 月 15 日，陆军部发布新闻稿，将 ENIAC 称为“有史以来第一台全电子通用计算机”。

这台机器包含 18000 根电子管，70000 个电阻器，10000 个电容器，1500 个继电器和 6000 个手动开关。虽然电子管经常发生故障且使用寿命相对较短，但是电子管的使用结束了查尔斯 · 巴贝奇在 19 世纪开创的机电式计算机时代。

ENIAC 的计算性虽然远不及如今的超级计算机，但它仍然可以在短短几小时内对十位数执行超千万次的加法和减法运算。不过，由于没有提前编写存储程序，因此每次执行新计算必须更改布线和连接来重新编程。为此还聘请了 6 名女数学家“手动”准备计算程序，然后完全重新连接机器来执行计算。除了用来计算弹道，ENIAC 还被用于氢弹的绝密开发。

1947 年，晶体管的发明结束了电子管的使用。1955 年，ENIAC 也因此停止了运行。1952 年，美国国防部配备了第一台 IBM 计算机[①]，每秒可执行 16000 次加法或 2200 次乘法运算。

如今美国陆军使用的计算机功能更加强大，……体积明显比 ENIAC 小得多！

为 ENIAC 准备计算程序的 6 位数学家中的 4 位。

另请参阅

第一台计算器，第 208 页
莱布尼茨和二进制计数法，第 238 页

① IBM（International Business Machines Corporation）是国际商业机器公司（或万国商业机器公司），于 1911 年由托马斯 · 沃森创立于美国，是全球最大的信息技术和业务解决方案公司。——译者注

U.S. ARMY

1907年 威佐夫博弈

1961年 分析尼姆游戏

2016年 “深蓝”战胜卡斯帕罗夫

马里恩巴德游戏

马里恩巴德游戏因阿兰·雷奈（Alain Resnais）的电影《去年在马里恩巴德》而闻名，该电影在1961年的威尼斯电影节上获得了金狮奖。

在一家大型豪华酒店里，一个陌生男人正试图说服一个女人相信一年前两人曾发生过“一夜情”。而这位年轻女子却称自己一年前从未来过马里恩巴德。这个陌生男人在策略游戏中多次遇到另一位主角，可能正是女主角的丈夫。这个策略游戏需要用到4排火柴，每排火柴数量依次为1、3、5和7（右上图）。两位玩家轮流抽取任意数量的火柴，每次拿取的火柴必须在同一行，取最后一根火柴者负，另一位胜。影片中，丈夫总是游戏的赢家。

马里恩巴德游戏是一个非常古老的游戏，也被称为尼姆（Nim）游戏。这个名字来源于德语“*nimm*”，意思是“拿取”。1901年，美国人查尔斯·布顿（Charles Bouton）指出这种游戏有制胜策略，每行火柴数量可以用二进制表示。例如，起始位置分析如下：

1用二进制写作0 0 1

3用二进制写作0 1 1

5用二进制写作1 0 1

7用二进制写作1 1 1

在不进位的情况下，按照十进制系统规则对每列二进制数字求和，我们将得到224（右下图）。根据每列数字总和是奇数还是偶数，在每列中标记P（偶）或I（奇）。数字224对应PPP。那么为了获胜，必须使对手处于以下状况：

- 一行有一根火柴；
- 不同的三行中有一根火柴；
- 保证每列二进制数字之和均为P。

1940年，在纽约世界博览会上，一家美国公司展示了一台能玩马里恩巴德游戏的电子机器，名叫“Nimatron”。1951年，专门为马里恩巴德游戏设计的Nimrod计算机成为其延续之作。

尼姆游戏在很多地方的传统文化中均有，在中国，还有“捡石子”的玩法。下页图为两名英国女性在计算机上玩该游戏。

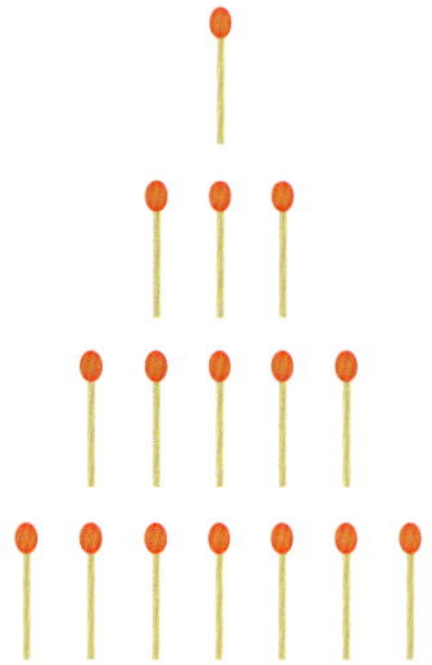

排列好的火柴

0	0	1
0	1	1
1	0	1
1	1	1
2	2	4
P	P	P

对二进制数进行十进制求和

另请参阅

▶莱布尼茨和二进制计数法，第238页
▶ENIAC——世界上第一台电子计算机，第326页

INSTRUCTION
F
0
1
2
3

apple][
POWER

知识链接

20 世纪新的计算方式

1947 年，晶体管的发明使电子计算机取代了机电式计算机。1957 年，第一个高级编程语言 Fortran 出现，随后是 1958 年的 Algol 语言和 1959 年的 Cobol 语言。

1963 年，第一块集成电路诞生，1971 年出现了微处理器。Pascal 是最早的结构化编程语言，不久之后，C++ 诞生了。1975 年，惠普推出了第一台可编程科学计算器。

1977 年，第一批个人电脑 Apple II，PET 2001 和 TRS-80 问世，随即售出数百万台。为了对抗苹果的成功，IBM 于 1981 年推出了 PC（便携式电脑）。1984 年，苹果公司推出了第一台 Macintosh（麦金塔）作为回击。

由 Apple 设计的全新计算软件——电子表格 VisiCalc 于 1979 年上市。随后，Multiplan 和 Excel 的接续出现代替了它。

数学家和工程师都梦想有一款能进行符号运算的软件。1980 年推出的 Maple 以及后来 1988 年的 Mathematica 实现了他们的愿望，这两个专业的计算软件至今仍在使用。

1977 年，Apple II 一经推出在商界取得了巨大成功。

新算法——递归

“嵌套”就是在图像中嵌入自身的图像。或者更笼统地说，在作品中套入作品本身。这与计算机科学中的递归有异曲同工之妙。

递归函数是可以调用自身的函数。为了解释这一点，我们以函数 Fact（n）的阶乘计算为例对递归进行解释。有两种方式计算这个阶乘函数，我们以 4！为例。首先根据定义，可以写出 $4\times3\times2\times1=24$。右上图显示了严格根据定义来计算这一数字的过程，由于重复了 3 次相同的操作（乘法）才得出结果，因此这种算法被称为迭代（来自拉丁语“iterare”，意为重复）。

另一种计算方式是递归（来自拉丁语“recurere”，意为回溯）演算。右下图显示了 Fact（4）的递归算法是如何完成的。4！的演算调用 3！的演算，3！的演算调用 2！的演算，2！的演算调用的 1！演算。由于 1！是程序已知数值（也就是 1），因此调用停止，程序只需要一步一步地执行必要的计算即可。对比两图就会发现递归演算比迭代演算步骤更多。

如今，虽然所有编程语言都可以使用递归算法，但要构建递归算法，我们有必要提出以下两个问题：

- 能否执行编号 1 的操作并获得结果？
- 假设有一个函数能够执行编号 $n-1$ 操作，那么这个函数能否用来规定下一个操作？

如果两个问题的答案是肯定的，那么就可能实现递归算法。

嵌套图像。

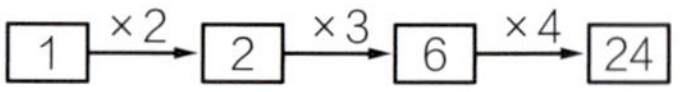

迭代演算的步骤

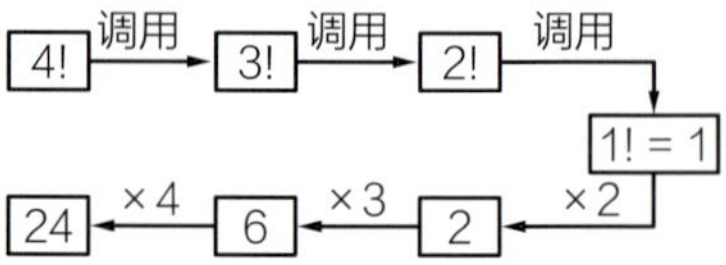

递归演算的步骤

另请参阅
组合分析的发明，第 122 页
帕斯卡的算术三角形，第 216 页
ENIAC——世界上第一台电子计算机，第 326 页

1870 年 集合的概念
1974 年 魔方的发明
2008 年 机器人与魔方

魔方

魔方是由匈牙利建筑学教授厄尔诺·鲁比克（Erno Rubik）于1974 年发明的几何益智玩具。它是一个立方体，6 个正方形面分别由 9 个小正方形组成，每面配色统一，分别是：白色、黄色、橙色、红色、绿色和蓝色。

魔方看起来由 27 个小立方体组成，而实际上，只有 26 个。因为隐藏在魔方中心的是一个能使每个面围绕 3 个轴旋转 $\frac{1}{4}$ 或半圈的内部构件。

魔方每转动一面都将联动这面的 9 个立方体一起转动。各面旋转几次后，小立方体的颜色会被打乱。计算显示，这些小立方体共有 43252003274489856000 种不同组合。魔方的玩法就是将小立方体从任意位置还原到初始位置，每面都还原至初始颜色即为成功。数学家已经证明，如果将魔方任意一次变换而形成的面构成集合，那么该集合将包含数亿个子集。

因此，凭运气还原魔方几乎是不可能的。19 世纪，埃瓦里斯特·伽罗瓦对方程式的研究催生了群论，根据这一理论，数学家能够找出所有可能的解法。不超过 22 次转动，魔方就能够从任意初始位置达到每面颜色统一。通过练习，还原魔方只需不到一分钟，最快不超过 10 秒，目前最快纪录是 4.59 秒。然而，这个数字远远无法赶超机器人，这样的机器人由麻省理工学院的两名学生设计，它只需 0.38 秒即可还原魔方。

机器人还原魔方需要可靠的计算机程序……还要对群论了如指掌！2008 年，机器人已经能够通过检测颜色的光传感器将魔方还原。

魔方拆开后展示出内置的机械装置。

另请参阅
两位倒霉的数学家，第 280 页

方机器人

1890年　　1975年　　2000年

分形曲线　　分形几何　　计算机软件与分形图形

分形几何

俄罗斯套娃是由浅色木材制成且涂有鲜艳色彩的娃娃。数量可能是 5 个，7 个或 10 个，它们尺寸逐渐减小并相互嵌套。给其中一个娃娃拍照，我们很难说它是哪一个，因为除了大小，它们都是相同的。我们可以用“分形”来描述套娃这样的物体，这个词由伯努瓦 · 曼德博（Benoît Mandelbrot）创造，最早出现在他于 1975 年出版的《分形学：形态，概率和维度》一书中。在数学概念中，分形图形是一种“自相似”图形，这意味着任意放大其中某一部分都能从中找到整个图形。

19 世纪，瑞典人冯 · 科赫（von Koch）就已经构建出了分形图形——雪花曲线。为了获得连续的近似值，我们首先要绘制一个等边三角形。三角形的每条边被分成 3 等份，然后以中间的 $\frac{1}{3}$ 线段为底，画一个小的等边三角形，再抹除底部。这样，大三角形的一条边就由 4 条线段构成，整个三角形就是 12 条线段。用同样的方法加工每条边，就能得到48条线段、192条线段、768条线段，依此类推，无限循环。

雪花曲线是一条在任意点上都连续但不可导的曲线，它的长度是无限的。

近似的分形图形（右图）很容易从自然界中的实物中观察到：云、雪花、山脉、河流系统、树木、花椰菜、某些蕨类植物、血管，以及哺乳动物的肺部等。如今，分形几何应用于多个学科领域：生物学、地质学、自然地理学、水文学等。此外，它还广泛地用于电影电视中给植物、树木或未来派景观建模。

许多分形图形都是由计算机设计的。放大足够倍数，我们就会发现图形的部分与整体相同。

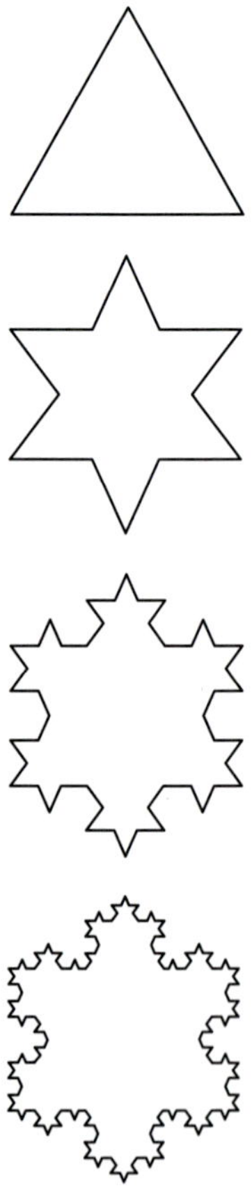

被不断分形的图形

另请参阅

ENIAC——世界上第一台电子计算机，第 326 页
新算法——递归，第 332 页

知识链接

菲尔兹奖和阿贝尔奖

阿尔弗雷德·诺贝尔（Alfred Nobel）是炸药的发明者，也是一位富有的实业家。1885年，他创建了一个基金会，每年为不同领域颁发奖项。但诺贝尔奖只有化学奖、医学奖和物理学奖，却没有数学奖！据说这是出于嫉妒，因为数学家米塔格-莱夫勒（Mittag-Leffler）向诺贝尔所爱的女子殷勤求爱，不过这一说法尚存争议。

1924年，加拿大人约翰·菲尔兹（John Fields）向世界各地的数学家提议奖励40岁以下年轻数学家的杰出成就，弥补了数学奖项的空缺。自1936年以来，菲尔兹奖每四年颁发一次。

另一个数学奖项——阿贝尔奖（Abel Prize），由挪威政府于2001年设立。自2003年以来，它每年颁发一次，表彰一位杰出数学家的职业贡献。

这两个奖项的获得者中只有两位女性：2014年菲尔兹奖获得者玛丽亚姆·米尔扎哈尼（Maryam Mirzakhani）和2019年阿贝尔奖获得者凯伦·乌伦贝克（Karen Uhlenbeck）。

赛德里克·维拉尼（Cédric Villani）获得2010年菲尔兹奖，时年仅37岁。

1798年
太阳系是稳定的

1989年
太阳系是不稳定的

2000年
混沌理论

太阳系是稳定的吗？

在空间中，n 个相互施加引力的物体的运行轨迹是怎样的？牛顿解决了 $n=2$ 的问题，但事实证明，在 n 值更高的情况下，这个问题便艰深得多。

1767 年，欧拉发现了 $n=3$ 时的特殊解，即其中两个物体围绕第三个物体旋转，3 个物体在每个瞬间共线。1772 年，拉格朗日提出了另一种解，即 3 个物体在每个瞬间都处于等边三角形的顶点（右上图）。

20 世纪下半叶出现了其他特殊解。例如，1993 年，物理学家克里斯托弗 · 摩尔（Christopher Moore）发现，3 个相同质量的天体在相互作用下，在状如“8”字的轨道上稳定移动（右下图）。

1890 年，解决 n 体问题的希望最终破灭，因为当时亨利 · 庞加莱证明了，当 $n \geqslant 3$ 时，一个系统通常“对初始条件有特殊的敏感性”，这将使系统处于混沌状态。这也意味着初始条件（质量、速度等）的微小变化都会使系统的演化完全无法预测。

1989 年，物理学家雅克 · 拉斯卡（Jacques Laskar）指出，由于太阳系也受混沌定律支配，因此它可能以一种完全不可测的方式演化。相反，拉普拉斯认为，不存在一个“伟大的钟表匠”来确定太阳系的演化。一些行星的轨道，如金星、地球和火星，尤其是水星很可能在未来被大幅修正。

1900 年前后，在庞加莱和阿达马（Jacques Hadamard）的努力下，混沌理论诞生。如今它在许多领域都有应用，例如，物理学、生物学和气象学，可以通过计算机模拟对混沌系统的行为进行研究。

香烟烟雾中的颗粒形成了一个混沌系统，其变化无法被精准确定。

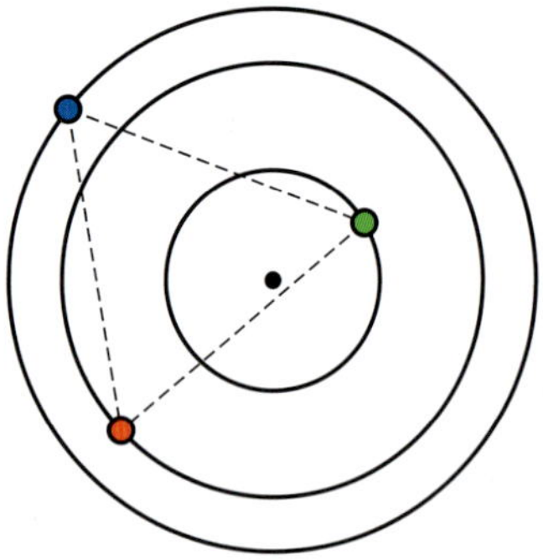
拉格朗日的模型

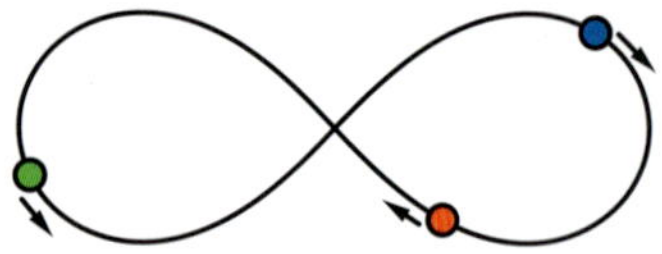
克里斯托弗 · 摩尔的模型

另请参阅

哥白尼反驳托勒密，第 170 页
开普勒第三定律，第 200 页
五个拉格朗日点，第 258 页
星际航行，第 322 页

1670年 费马猜想
1995年 安德鲁·怀尔斯
2016年 怀尔斯获得阿贝尔奖

费马 - 怀尔斯定理

当 $x^2+y^2=z^2$ 时，整数 x、y 和 z 就形成了一个毕达哥拉斯三元数组。例如，“埃及”三角形就是如此，这个直角三角形的 3 条边分别是 3、4、5。公元前 2 世纪，欧几里得证明了这种三元数组有无限多，并且给出了明确的计算公式。

因此，方程 $x^2+y^2=z^2$ 有无限多的整数解。方程 $x^1+y^1=z^1$ 同样如此，因为它实际上对应简单的加法 $x+y=z$。17 世纪，皮埃尔·德·费马一直尝试找出方程 $x^3+y^3=z^3$ 的整数解，在此之后他得出结论，在 $n\geqslant 3$ 的情况下，一般方程 $x^n+y^n=z^n$ 没有整数解，除非 $x=y=z=0$ 或 $x=0$ 且 $y=z=k$ 这样的一般解（k 是任意整数）。费马在自己手稿空白处写下了这一点，并补充说他已经证明了这一论断，但没有空间再写证明过程。目前已知（且准确）的唯一证据是他儿子在费马过世后于 1670 年出版的一本书中描述了 $n=4$ 的情况。

费马之后，在 1753 年至 1847 年，欧拉、狄利克雷（Dirichlet）、勒让德（Legendre）和拉梅（Lamé）在 n 等于 3、5、7 等特定值的情况下，证明了费马猜想。1847 年至 1857 年，恩斯特·库默（Ernst Kummer）证明了 $n\leqslant 100$ 情况下费马定理成立。然而它的证明过程似乎十分困难，以至于巴黎科学院于 1816 年和 1850 年，德国哥廷根大学于 1908 年分别设立奖项来推进费马定理的证明。

这项荣誉最终于 1997 年 6 月 27 日颁发给了英国数学家安德鲁·怀尔斯，他经过 8 年的深入研究（其中 7 年是完全保密的）攻克了费马猜想，证明过程于 1995 年出版。

自此，费马猜想变成了费马 - 怀尔斯定理。怀尔斯于 2016 年获得阿贝尔奖。

如果边长为任意整数的所有立方体构成一个集合，那么根据费马 - 怀尔斯定理我们可以得出，在这个集合中，任意立方体的体积永远不可能等于另外两个立方体体积之和。

另请参阅

▶ 算术学科的诞生，第 46 页
▶ 欧几里得与算术，第 62 页
▶ 算术的复兴，第 210 页
▶ 数论的繁荣，第 250 页
▶ 索菲·热尔曼，别名勒布朗先生，第 282 页

小 结

20 世纪，美国、苏联和加拿大加入了德国、法国和英国成立的数学领导小组。在不到一个世纪的时间里，职业数学家的数量从几千人增加到几十万人。

我们见证了新研究领域的诞生。例如，混沌理论、拓扑学和分形几何。较为传统的领域像代数几何、微分几何、概率论和逻辑，也获得了长足的发展并变得十分重要。康托尔构建的集合论如今成为所有数学的基础。

20 世纪 80 年代，计算机应用于现实，它能够在更短时间内执行大量复杂的计算。没有计算机，航天事业不可能进步。航空、气象或气候学中的数值模拟也需要它强大的计算能力作为后盾。

罗马卷心菜的分形结构。

结　语

数学存在于现代社会的各个角落，从金融市场、图像技术、信息技术和通信技术到医学等。正如 1963 年诺贝尔物理学奖得主尤金·维格纳（Eugene Wigner）所说，“数学在自然科学中有着不合理的有效性”，而这句话每天都在得到验证。

今天，数学已经被极大地丰富。除了分析学、经典几何和概率论这样的经典分支之外，还出现了有限群论或代数拓扑等新领域。法国数学家阿兰·孔涅（Alain Connes，1982 年菲尔兹奖得主和法兰西公学院的教授）认为，大卫·希尔伯特和亨利·庞加莱是最后一批主宰他们那个时代所有数学的数学家。

尽管我们取得了成功和进步，但仍有许多问题悬而未决。例如，1742 年的哥德巴赫猜想，即“任一大于 3 的偶数都可写成两个素数之和”。美国克雷数学研究所在 2000 年列出一份问题清单，称为“千禧年七大难题”，并承诺任何解决其中一个问题的人都可以获得 100 美元。2003 年，格里戈里·佩雷尔曼（Grigori Perelman）解决了第一个难题，却拒绝了奖金！

第二次世界大战以来，尽管女性进入高等数学领域研究的人数略有增加，但仍属于少数。虽然玛丽亚姆·米尔扎哈尼于 2014 年获得菲尔兹奖，凯伦·乌伦贝克于 2019 年获得阿贝尔奖，然而令人遗憾的是这仅仅是特例！

在这幅 15 世纪的挂毯上，一位年轻女性仿佛算术学科的化身。法国国立中世纪博物馆藏，巴黎。

图片来源

以下页码图片由 De Boeck Supérieur 出版社授权：第 24 页、第 39 页、第 49 页、第 65 页、第 153 页、第 227 页、第 244—245 页、第 265 页、第 276 页、第 320 页—321 页、第 325—326 页。

以下页码图片由汉华易美视觉科技有限公司提供：文前页、第 5 页、第 7 页、第 9 页、第 11—13 页、第 15 页、第 17 页、第 19—21 页、第 25—27 页、第 29 页、第 31 页、第 35 页、第 41 页、第 43—45 页、第 47 页、第 51 页、第 53—55 页、第 57 页、第 59 页、第 61 页、第 64 页、第 66—67 页、第 69 页、第 71 页、第 73 页、第 75 页、第 78—79 页、第 81 页、第 83 页、第 85 元、第 87 页、第 89 页、第 91—93 页、第 95 页、第 97 页、第 103 页、第 105 页、第 109 页、第 111 页、第 113—119 页、第 121 页、第 123—125 页、第 127 页、第 129—131 页、第 133 页、第 135 页、第 137—139 页、第 141 页、第 143—145 页、第 147 页、第 149 页、第 151 页、第 154—155 页、第 159 页、第 161 页、第 163 页、第 165—167 页、第 171 页、第 173 页、第 175—177 页、第 179 页、第 182—183 页、第 185—187 页、第 191—197 页、第 199 页、第 201 页、第 203—205 页、第 207—209 页、第 211 页、第 213 页、第 221 页、第 223—225 页、第 229 页、第 231 页、第 233 页、第 239 页、第 241 页、第 243 页、第 246—247 页、第 251 页、第 253 页、第 255—257 页、第 259 页、第 261—263 页、第 266—267 页、第 270—273 页、第 275 页、第 277 页、第 279 页、第 284—285 页、第 287 页、第 289 页、第 291 页、第 293 页、第 295 页、第 297 页、第 299 页、第 301 页、第 303—307 页、第 315 页、第 317 页、第 319 页、第 323 页、第 327 页、第 329—331 页、第 333—335 页、第 337—339 页、第 341 页、第 343—346 页、第 348 页、第 350 页。

以下页码图片属于公有领域：第 3 页、第 16 页、第 23 页、第 33 页、第 37—38 页、第 77 页、第 98—99 页、第 107—108 页、第 136 页、第 148 页、第 152 页、第 169 页、第 181 页、第 214—215 页、第 217 页、第 219 页、第 234—235 页、第 249 页、第 281 页、第 283 页、第 309—311 页。

毕达哥拉斯雕像，矗立于其出生地萨摩斯岛。

译者后记

当我接到这本书的翻译任务时，内心既感欣喜，也充满了忐忑与惶恐。欣喜是因为被图文并茂的内容深深吸引，忐忑与惶恐是因为自己拥有的数学知识早已被岁月冲刷得所剩无几。当我在翻译与校对的过程中，才真正意识到，数学知识的博大精深，许多看似简单的数学名词和概念的背后，有那么引人入胜的故事。译数学知识对我而言，无异于一次“跨学科”的探索。这不仅需要专注、耐心和持之以恒的工作态度，更需怀揣一颗谦卑的心，保持对学习的热情。翻译本书的过程是一次挑战自我的心路历程。

本书得以问世，离不开很多老师、朋友、学生，以及家人对我的支持与帮助。首先，我要衷心感谢本书的编辑老师们，她们凭借谨慎、细致的专业素养和极大的耐心，使得本书内容得以淬炼、价值得以提升；其次，还要衷心感谢张庆丰老师，他作为本书的指导与校对专家，使本书的内容表达更加专业与流畅，为本书的审核工作做出贡献；再次，感谢我的研究生郭梦茹、宋美霖和杨洋，她们为本书的翻译核对做了大量工作；最后，还要感谢我的妻子周晓飞。她在生活中给予我的宽容和理解，让我有充裕的时间与精力完成本书的翻译工作。还有我的女儿，她在学习小学奥数的过程中，与我讨论，听我指导，让我重温数学的乐趣。

尽管我已竭尽全力，但书中难免存在疏漏与不足之处，恳请读者不吝赐教。本书的问世，凝聚了众人的心血与智慧，愿它能为大家带来启发与收获。

图书在版编目（CIP）数据

数学简史 /（法）米歇尔·茹思来著；张俊丰译.
北京：中国科学技术出版社，2025. 4. -- ISBN 978-7
-5236-1287-3

Ⅰ. O11

中国国家版本馆 CIP 数据核字第 20251V96E1 号

此出版项目由比利时瓦隆 - 布鲁塞尔国际关系署（WBI）支持出版。
This project has received support from Wallonie-Brussels International (WBI).

北京市版权局著作权合同登记　图字：01-2024-5362

策划编辑	周少敏　孙红霞　李惠兴
责任编辑	孙红霞　汪莉雅
封面设计	麦莫瑞文化
正文设计	中文天地
责任校对	张晓莉
责任印制	马宇晨

出　　版	中国科学技术出版社
发　　行	中国科学技术出版社有限公司
地　　址	北京市海淀区中关村南大街 16 号
邮　　编	100081
发行电话	010-62173865
传　　真	010-62173081
网　　址	http://www.cspbooks.com.cn

开　　本	710mm × 1000mm　1/16
字　　数	326 千字
印　　张	22.75
版　　次	2025 年 4 月第 1 版
印　　次	2025 年 4 月第 1 次印刷
印　　刷	北京顶佳世纪印刷有限公司
书　　号	ISBN 978-7-5236-1287-3 / O · 228
定　　价	118.00 元